GABRIELE METZ

*katzen*RASSEN

DIE SCHÖNSTEN SAMTPFOTEN AUS ALLER WELT

KOSMOS

INHALT

Edle
SCHMUSER
mit Pfiff

RASSEKATZEN SIND ETWAS GANZ BESONDERES. DAS ERGEBNIS EINER JAHRZEHNTE ODER SOGAR JAHRHUNDERTE WÄHRENDEN AUSLESE DER EDELSTEN SAMTPFOTEN. AUSSEHEN, WESEN UND GESUNDHEIT STEHEN DABEI IM FOKUS.

RASSEKATZEN
Eine kunterbunte Welt

Samtpfoten, Stuben- oder Sofatiger, Mäusefänger, Vertreter der schnurrenden Zunft ... Katzen tragen viele Namen, und das wird ihrer Vielfältigkeit gerecht. Obwohl es bei den kleinen Verwandten großer Raubkatzen keine so frappierenden Unterschiede gibt wie bei Hunden, erweist sich die Katzenwelt als durchaus abwechslungsreich. Eine Norwegische Waldkatze und eine Orientalisch Kurzhaar sehen sehr unterschiedlich aus, aber sie haben mehr Gemeinsamkeiten, als man denken mag. Eine Perser-Katze verfügt über einen stämmigeren Körperbau und ein breiteres Gesicht als eine Siam-Katze und auch die Fellvarietäten beider Rassen sind verschieden, aber dennoch erinnern entfernt an Wildkatzen-Vorfahren. Das hat einen Grund: Gezielte Veränderungen des wildkatzentypischen Erscheinungsbildes standen nie im Mittelpunkt des züchterischen Interesses.

KLIMATISCH BEDINGTE UNTERSCHIEDE

Obwohl sich der Körperbau aller Katzenrassen ähnelt, gibt es Differenzen, die u.a. auf klimatisch bedingte Unterschiede zurückzuführen sind. Katzen aus kälteren Regionen verfügen über einen stämmigen Körperbau, recht langes Fell und eine robuste Konstitution. In wärmeren Gebieten leben schlanker gebaute Gattungsvertreter, die meistens kurzes Fell und so gut wie keine Unterwolle haben.

Als in der zweiten Hälfte des 19. Jahrhunderts Katzenausstellungen in Mode kamen, konnte man drei Katzentypen bewundern: Europäische Kurzhaar-Katzen; langhaarige Katzen aus Vorderasien und zierliche, schlanke Schönheiten aus dem Fernen Osten. Heute gibt es weltweit circa 100, von unterschiedlichsten Verbänden anerkannte Katzenrassen, die mehr oder weniger stark voneinander differieren. In diesem Buch werden alle Rassen vorgestellt, die vom Dachverband FIFe anerkannt werden, sowie viele weitere. Man unterscheidet drei Körpertypen: den schlanken, den mittleren und den schweren.

SCHMUSETIGER mit Wildkatzen-Flair. Hier spiegelt sich das Erbe der wilden Vorfahren.

SCHLANK UND RANK

Im Schlanktyp stehende Katzen wirken edel und elegant. Moderne Siam-Katzen sind ein Beispiel für diesen Typ. In den letzten Jahrzehnten legte man Wert auf einen schlanken, lang gestreckten Körperbau. Die moderne Zucht hat die Liebhaber der Rasse in zwei Lager geteilt: Die einen geraten beim Anblick des keilförmigen Kopfes und des grazilen Körperbaus ins Schwärmen, die anderen erachten die markante, relativ junge Variante der Siam-Katze als übertrieben.

MITTEL- UND SCHWERGEWICHTE

Unter den anerkannten Rassen gibt es viele Katzen, die dem mittelschweren Typ angehören. Thai-Katzen, Burmesen und Türkisch Angora sind anschauliche Beispiele. In den USA und Europa ist eine zunehmende Beliebtheit großrahmiger Katzenrassen zu beobachten. Bis um die 16 Kilogramm wiegende Maine Coons und stattlich anmutende Norwegische Waldkatzen gehören momentan zu den populärsten Rassekatzen.

KONTAKTFREUDIGE KATZEN

Kontaktfreudige Katzen gehen offen auf Menschen zu. Haben sie ihre Skepsis überwunden, halten sie einem das Köpfchen hin und wollen gekrault werden. Sie sind an allem interessiert, spielen gern und können richtig aufdringlich werden.

SCHÜCHTERNE KATZEN

Obwohl Somalis meistens als verspielt und lebhaft beschrieben werden, gelten sie im Bezug auf Fremde als besonders zurückhaltend. Viele Somalis wählen sich eine oder zwei Bezugspersonen aus,

HOCH HINAUS Kratzbaum statt Birke. Stubentiger wollen klettern – je höher, desto besser.

denen sie ihre ganze Zuneigung schenken. Trotzdem integrieren sie sich gut in eine Katzengruppe.

RUHIGE KATZEN

Ragdolls und Exotic Shorthair-Katzen stehen in dem Ruf, sanft und gutmütig zu sein. Obwohl auch sie gern spielen und regen Anteil an ihrer Umgebung nehmen, gehören sie zu den ruhigeren Vertretern. Kinder und andere Haustiere werden von Ragdolls und Exotic Shorthairs problemlos akzeptiert.

Turbulente Haushalte sind der Russisch Blau nicht geheuer. Zwar beobachtet man bei dieser Rasse sehr unterschiedliche Wesenszüge, die Mehrzahl scheint allerdings unaufdringlich und sensibel zu sein. Auch Scottish Fold und Manx-Katzen wird ein gemäßigtes Temperament nachgesagt. Die Schottische Faltohrkatze fühlt sich in Wohnungen wohl und ist verträglich. Aufgrund ihrer von Natur aus deformierten Ohren mag es bei anderen Katzen zu Missverständnissen kommen – sie könnten die Ohrstellung als Aggression deuten. Die „schwanzlosen" Manx-Katzen und auch die Japanese Bobtail begeistern Menschen, die das Extreme lieben. Sie gelten als angenehme und ausgeglichene Hausgenossen.

ABENTEUERLUSTIG **Die meisten Hauskatzen sind unabhängig und streichen gern umher.**

BLAUBLÜTIG ODER VOM BAUERNHOF?

Als wenn die Qual der Wahl nicht schon schlimm genug wäre, stellt sich vor der Anschaffung einer Katze eine weitere wichtige Grundsatzfrage: Soll es eine Rassekatze vom Züchter oder eine Katze ohne Papiere sein? „Das ist doch egal. Katze ist Katze", mögen Sie vielleicht denken. Aber es gibt doch einen Unterschied – wenn nicht sogar mehrere.

LIEBENSWERT SIND SIE ALLE

Bevor im Einzelnen auf mögliche Unterschiede zwischen Rasse- und Hauskatzen eingegangen wird, sei betont, dass jeder Stubentiger ein wertvolles Wesen ist, das den ganzen Respekt und die bedingungslose Zuneigung seiner Besitzer verdient. Eine herrenlose Katze aus dem Tierheim vermag ihrer neuen Familie ebenso viel Lebensfreude und Abwechslung zu schenken wie ein Kätzchen mit einem ellenlangen Stammbaum.

ABENTEUER IN FREIER WILDBAHN

Dennoch gibt es Unterschiede, die häufig zu beobachten sind: Sogenannte „Wald- und Wiesen-Katzen" tragen ihren Namen nicht umsonst. Die meisten Katzen, die keiner bestimmten Rasse angehören, schätzen ihre Unabhängigkeit und verfügen über einen ausgeprägten Freiheits-

drang. Sie sind glücklich, wenn sie Haus oder Wohnung nach Belieben verlassen können, um in der „freien Wildbahn" Abenteuer zu bestehen. Verwehrt man einer gestandenen Straßenmieze diesen Freizeitspaß und sperrt sie einfach in der Wohnung ein, kann es zu massiven Verhaltensstörungen und Protestaktionen kommen.

GLÜCKLICHE WOHNUNGSKATZEN

Wer keine Möglichkeit hat, seiner Katze Freilauf zu gewähren, sollte über die Anschaffung einer Rassekatze nachdenken. Es gibt eine Vielzahl von Rassen, die sich in katzengerecht gestalteten Wohnräumen „pudelwohl" fühlen.

BÜRSTENSCHEU?

Ein weiterer Unterschied zwischen Haus- und Rassekatzen kann in der Fellpflege bestehen. – Dies trifft allerdings nicht für kurzhaarige Rassekatzen zu. Halblanghaarige oder langhaarige Rassekatzen sind oft sehr pflegeintensiv. Perser müssen täglich gebürstet werden; bei Halblanghaar-Katzen sollte man mindestens ein- bis zweimal pro Woche zum Pflege-Equipment greifen. Hauskatzen verfügen in der Regel über kurzes, pflegeleichtes Fell.

DER STAMMBAUM

Sie haben sich für eine Rassekatze mit Ahnentafel entschieden? Dann wird Ihnen der seriöse Katzenzüchter beim Kauf eines Kätzchens einen Stammbaum aushändigen. Dieser sollte von einem renommierten Zuchtverband ausgestellt sein und Auskünfte über vier Katzen-Generationen enthalten. Der Stammbaum gilt auch als Eigentumsnachweis.

Das Deckblatt des Stammbaums gibt in der Regel Auskunft über den Namen und die Anschrift des Verbandes, bei dem das Kätzchen registriert ist. Im inneren Teil befinden sich: die Zuchtbuchnummer, Name und Anschrift des Züchters, der Name des Jungtieres, sein Geschlecht, das Wurfdatum, seine Farbe und die genaue Rassebezeichnung.

Des Weiteren erfährt man die Namen und Farben der Elterntiere, der Großeltern, der Urgroßeltern und der Ururgroßeltern sowie die von diesen Tieren errungenen Titel. Existieren in der Ahnentafel des Jungtieres Verwandte, die nicht registriert sind, ist dies deutlich gekennzeichnet.

TITEL UND PRÄMIERUNGEN

Der Stammbaum enthält ebenfalls eine Rubrik, in welcher der Katzenbesitzer Prämierungen eintragen kann, die sein Tier auf Ausstellungen errungen hat. Titel-Bewertungen müssen dem Verband gemeldet werden. So wird der erworbene Titel registriert und bei den nächsten Jungtier-Stammbäumen berücksichtigt.

ZUCHTBESTIMMUNGEN

Zu den Bestimmungen vieler Verbände gehört beispielsweise, dass Zuchtkatzen erst ab dem vollendeten ersten Lebensjahr gedeckt werden und frühestens drei Monate nach dem letzten Wurf erneut belegt werden dürfen. Die Anzahl der Würfe ist auf maximal zwei innerhalb von zwölf Monaten begrenzt.

Die Bestimmungen der Verbände dienen dem Wohl der registrierten Katzen. Unkontrollierte Rassekreuzungen, durch Inzucht oder Krankheit bedingte Defekte und das Ausbeuten von Zuchttieren sollen dadurch verhindert werden. Züchter, die keinem renommierten Verband angeschlossen sind, unterliegen keiner offiziellen Zuchtkontrolle.

KATER ODER KATZE?

Eine gute Abstammung mit Stammbaum ist allerdings nicht alles. Auch das Geschlecht des Stubentigers sollte in die endgültige Entscheidung miteinbezogen werden. Kater oder Katze? Gibt es da – abgesehen von organischen Differenzen – überhaupt Unterschiede?

STOLZE SIEGERIN Auf die Schönsten unter den Schönen warten Urkunden und Pokale.

ZÜCHTERISCHE AMBITIONEN

Katzendamen sind unumgänglich, wenn man das Wunder des Kätzchenwerdens in den eigenen vier Wänden erleben und genießen möchte. Auch wer züchterische Ambitionen pflegt, ist mit einem weiblichen Katzenbestand sicherlich besser beraten als mit einem lauthals röhrenden und womöglich markierenden Katerbataillon, das nur allzu gern ausschwärmt, um die rolligen Kätzinnen der gesamten Nachbarschaft zu beglücken.

ZUCHTKATER

Sie wollen züchten und erwerben zu diesem Zweck einen vielversprechenden Herrn. Ihre Wohnung avanciert zur Deckstation und bietet Raum für heiße Hochzeitsnächte. Zuvor haben Sie Ihren Adonis mehrfach auf Ausstellungen mit Ehren überhäufen und von begeisterten Blicken streifen lassen. Denken Sie daran: Nur wer Erfolge vorweisen kann und in der Katzenszene einen exzellenten Ruf genießt, findet auch die passenden Damen für seinen Kater. Regelmäßige Gesundheitschecks sind Routine für jeden seriösen Deckkater-Besitzer.

ER MARKIERT!

Wir sollten nicht an Deckkater denken, ohne eine geruchsintensive Untugend zu erwähnen, die so manchen Besitzer schikaniert. Die Rede ist vom Harnspritzen; eine Ferkelei sondergleichen: Tapeten, Möbel, Teppiche und Gardinen werden eifrig mit Urin bespritzt, und auch wenn nicht alle potenten Kater markieren, schwebt die Gefahr des geruchsintensiven Erlebnisses wie ein Damoklesschwert über dem Haupt vieler Katerhalter.

Eine Kastration hilft meistens, das Übel dauerhaft zu beseitigen. Mit den Träumen von der Deckstation ist es dann allerdings vorbei. Die Mehrzahl der Tiere stellt ihr Markierverhalten nach der Kastration ein.

MARKIERENDE KÄTZINNEN

Leider sind auch Halter weiblicher Samtpfoten nicht vor Markierverhalten gefeit. Es gibt auch Damen, die sich mindestens so gut auf gezieltes Harnspritzen verstehen wie ihre männlichen Artgenossen.

ROLLIGKEIT

Bei unkastrierten Kätzinnen wird man – im Gegensatz zu Katern – mit quälender Regelmäßigkeit mit einem Spektakel der besonderen Art an den Rand eines Nervenzusammenbruchs getrieben: Gemeint ist die Rolligkeit.

GESCHWÄTZIG Manche teilen sich gern mit, andere vor allem während der Rolligkeit.

Katzen werden durchschnittlich zwischen dem vierten und siebten Lebensmonat geschlechtsreif. Bei manchen setzt die Geschlechtsreife auch wesentlich später ein. Rassespezifische Eigenarten und äußere Umstände spielen diesbezüglich eine entscheidende Rolle.

Die Raunze ist unverkennbar: Das Verhalten der Katze ist völlig verändert. Sie legt ihren Kopf schief, reibt ihn über den Boden und rollt sich dynamisch über den Rücken ab. Gleichzeitig maunzt und klagt sie in variabler Lautstärke, um einen paarungswilligen Kater anzulocken.

KASTRATION

Wenn Sie nur einen liebevollen Hausgenossen suchen, der freundlich sein Köpfchen an Ihnen reibt und nicht durch die typischen Merkmale unkastrierter Katzen und Kater auffällt, sollten Sie Ihren Liebling kastrieren lassen, sobald es seine körperliche Entwicklung zulässt. Im kastrierten Zustand erweisen sich sowohl die männlichen als auch die weiblichen Vertreter der Katzenwelt als anschmiegsamer, umgänglicher und ausgeglichener. Sie sollten einfach das Kätzchen aussuchen, das Ihnen von Anfang an zugetan ist – ganz gleich, ob Kater oder Katze.

VIELE WUNDERSCHÖNE RASSEKATZEN

Nun aber genug der Vorrede. Vorhang frei für die Elite der Rassekatzenzucht. Auf den folgenden Seiten warten 40 Rassen darauf, von Ihnen entdeckt zu werden. Die Kurzbeschreibungen in den ersten vier Teilen des Buches beziehen sich auf Rassen, die von der FIFe (Fédération Internationale Féline) anerkannt werden. Der fünfte Teil ist beliebten Rassen vorbehalten, deren Standards unter anderem von der World Cat Federation (WCF) erstellt werden. In den USA, Australien und weiteren Teilen der Welt gibt es noch andere Katzenrassen, die von einzelnen Verbänden, nicht aber von den großen Dachverbänden, anerkannt sind. Sie alle vorzustellen, führt an dieser Stelle zu weit; zumal die meisten extrem selten sind. Zu jedem Katzen-Porträt gehört ein Kurz-Standard, der nur Auszüge aus den Original-Standards nennt. Die vollständigen offiziellen Standards können Sie bei der FIFe beziehungsweise der WCF anfordern oder auf den Homepages der Verbände aufrufen:
www.fifeweb.org
www.wcf-online.de

MIT HANDSCHUHEN Edle, weiße Pfötchen auf dem Weg in ein abenteuerliches Leben.

ÜPPIGE DIVEN
Perser & Exotics

FÜR VIELE SIND SIE DIE KRÖNUNG DER RASSEKATZENZUCHT. PERSERKATZEN BESTECHEN MIT ÜPPIGEM FELL, AUSDRUCKS- VOLLEN GESICHTERN UND EINEM ANSCHMIEGSAMEN WESEN.

PERSER
& *Exotic Shorthair*

Perserkatzen führen nach wie vor die Popularitätsskala der Edelkatzen an. Ein wohlverdienter Status; schließlich gehören sie zu den ältesten bekannten Rassekatzen überhaupt. Perser bestechen nicht nur durch ihre vornehme Erscheinung, sondern haben auch eine Vielzahl anderer attraktiver Rassen genetisch beeinflusst. Ohne Perser, die übrigens aus England stammen, gäbe es bei Weitem nicht so viele wunderschöne Katzenrassen in beeindruckenden Varietäten.

Der Beginn der gezielten Zucht der opulenten Schönheiten lässt sich auf die Zeit um 1870 festlegen. Damals galten die sanften Püppchengesichter noch als richtig selten und waren vor allem beim Hochadel zu finden. Queen Victoria ging als stolze Besitzerin eines blauen Perser-Pärchens in die Geschichte ein.

PERSER IM SOMMERKLEID

Auch die aus den USA kommende Exotic Shorthair ist ein „Ableger" der opulent behaarten britischen Vierbeiner. Ihr Standard gleicht dem der Perser 1:1, nur kommen sie in einem kurzhaarigen Gewand daher. Wer sich nicht gern Tag für Tag mit Bürsten und Kämmen beschäftigen möchte, ist mit den Exotic Shorthairs besser beraten als mit einer Perserkatze. Zur Entstehung der Exotic Shorthair in

TOP GEPFLEGT Um eine Perserkatze „in Schuss" zu halten, bedarf es täglichen Bürstens und Kämmens.

den 1950er und 1960er Jahren trugen allerdings nicht nur Perser bei. Die Pioniere der amerikanischen Exotic-Zucht setzten American Shorthairs und anfangs angeblich sogar Russisch Blau und Burmesen ein, um eine neue Rasse zu kreieren. Dabei war das gar nicht das ursprüngliche Anliegen. Eigentlich hatte man Perserkatzen in die American Shorthair-Zucht gebracht, um deren Fellqualität und Typ zu verbessern. Außerdem liebäugelte man mit dem Silber-Gen der langhaarigen Perser.

KUNTERBUNTE FARBPALETTE

Was an der Kategorie I der FIFe-Standards überrascht, ist die schier überwältigende Farbenvielfalt, in der Perser und Exotic Shorthairs zugelassen sind: Weiß, Schwarz, Blau, Rot, Creme, Chocolate, Lilac, alle Schildpattvariationen, alle als Bicolour, Harlekin oder Van, mit Tabbymuster und mit Silber oder in Golden. Und dann gibt es noch die wunderschönen Colourpoints.

ALLES EINE FRAGE DES CHARAKTERS

Perser und Exotics gleichen sich nicht nur in puncto Körperbau, sondern weisen auch bezüglich des Wesens eindeutige Parallelen auf. Beide gehören keinesfalls zu den hyperaktiven, niemals ruhenden, geschwätzigen und quirligen Katzenrassen. Die samtpfotigen Wuchtbrummen lassen es langsam angehen, was nicht heißt, dass sie nicht auch verspielt sein können. Wer auf den uralten Katzenadel setzt, sucht ein ruhiges Familienmitglied, das stundenlang mit seinem Menschen auf der Couch sitzen kann und sich kraulen lässt. Hektik und ein turbulenter Lebenswandel sind den gemächlichen Herrschaften ein Gräuel.

EXTREME MEIDEN

Die Gruppe der Perser und Exotic Shorthair ist in der Vergangenheit immer wieder ins Gerede gekommen, wegen der zum Teil extremen Auswüchse der Zucht, die eindeutig zulasten der Gesundheit gingen. Die Nasen wurden immer flacher und wanderten immer höher. Insbesondere in den USA kamen sogenannte „Peak Faces" in Mode, deren Nasenspiegel mehr oder weniger genau zwischen den Augen liegt. Die Folgen dieser extremen Ausprägungen sind fatal: Atembeschwerden, ständig verkrustete Augen und laufende Nasen verursachen bei solchen Tieren mitunter regelrechte Behinderungen. Das ist nicht zu tolerieren.

In Europa geht der Trend inzwischen wieder in die vernünftige Richtung. Gemäßigte Typen mit weniger Problemen sind gefragter als krank gezüchtete Kreaturen mit eingeschränkter Lebensqualität – und das ist gut so.

PFLEGELEICHT Exotics sind Perser im Kurzhaar-Look.

PERSER

Für die einen sind sie der Inbegriff edelster Rassekatzen-Zucht, für andere allein hinsichtlich des mit ihnen verbundenen Pflegeaufwands ein Albtraum – bei Persern scheiden sich die Geister! Dennoch haben sie es geschafft, zu den beliebtesten Luxusmiezen weltweit zu gehören. Wer eine opulente Haarpracht, ein bezauberndes Püppchengesicht und ein gemäßigtes Temperament mit hohem Schmusefaktor mag, liegt mit dieser Rasse richtig. Perser gehören zu den ältesten Rassekatzen überhaupt. Viele andere züchterische Kreationen haben ihre Qualitäten dem Einfluss der üppig behaarten Charmeure zu verdanken.

GESCHICHTLICHER HINTERGRUND

England gilt als Heimat der schnurrenden Schönheiten. Vermutlich gelangten die ersten langhaarigen „Eyecatcher" aus der Türkei nach England. Die ausgefallenen Exporte wurden kurzerhand als Angora-Katzen bezeichnet und ähnelten tatsächlich eher der heutigen Türkisch Angora. Zur gleichen Zeit gelangten weitere Katzen mit runderen Köpfen und dichterem Fell aus Persien nach England. Schon kam es zu Verpaarungen beider Rassen, weil sie langes Fell hatten und gut zueinanderpassten. Langhaarige Katzen waren zur damaligen Zeit eine Ausnahmeerscheinung, die prompt das Interesse des britischen Königshauses auf sich zog. Queen Victoria nannte ein blaues Pärchen langhaariger Schönheiten ihr Eigen und avancierte für viele Katzenfreunde zum Vorbild.

Um 1870 konnte man von einer ernst zu nehmenden Zuchtszene sprechen, die versuchte, das unwiderstehlich niedliche Puppengesicht der Perser-Katze zu erhalten und zu verbessern. Seitdem ist ein großes Stück Arbeit geleistet worden, das uns eine der beeindruckendsten Katzenrassen überhaupt beschert hat. Perser gibt es inzwischen in vielen erdenklichen Farben: Weiß, Schwarz, Blau, Rot, Creme,

SEIT 1870 gibt es die gezielte Perserkatzenzucht, die traumhaft schöne Samtpfoten hervorbringt.

GANZ SCHÖN BUNT Perser faszinieren mit einer schillernden Farbvielfalt.

DIE FELLPFLEGE

Die Pflege des Fells ist bei Persern ein Thema. Wer sich für eine haarige Schönheit entscheidet, muss sich darauf einstellen, dass die tägliche Pflege zum festen Bestandteil des Lebens wird. Ansonsten drohen Verfilzungen und Hautprobleme. Während des zweimal jährlich anstehenden Fellwechsels erhöht sich der Pflegeaufwand. Silberne Farbvarietäten wirken nach dem Abhaaren dunkler.

Chocolate, Lilac, alle Schildpattvariationen, alle als Bicolour, Harlekin oder Van, mit Tabbymuster, Silber, Golden und Colourpoint. Die Farbvarietät Silver Perser unterteilt sich in Chinchilla (die hellere Variante) und Shaded Silver (die dunklere Variante).

EIN TRAUM VON KATZE

Perser sind für viele Menschen der katzegewordene Traum schlechthin. Auf Ausstellungen scharen sich Neugierige vor den Käfigen der opulenten Schönheiten und bei kaum einer anderen Rasse gibt es so viele bewundernde Ausrufe zu hören, wie dies bei den wohl auffälligsten Vertretern der Katzenwelt der Fall ist. Die beachtliche Verbreitung der Rasse birgt allerdings auch Gefahren: Nicht jeder Züchter ist seriös; nicht jeder achtet bei seinen Verpaarungen und der nachfolgenden Aufzucht der Kitten auf die Gesundheit seiner Schützlinge. Deshalb sollte man viel Zeit auf die Auswahl des Züchters verwenden und bei einem Besuch ganz genau hinsehen. Und es gibt noch etwas, das man vor dem Erwerb eines Persers bedenken sollte:

So sieht sie aus

TYP mittelgroß, gedrungen

KOPF breit, rund; weit gesetzte, kleine Ohren mit Haarbüscheln; breit im Bereich der Schnauze; stumpfe Nase, Augen groß, rund, ausdrucksvoll; Farbe entsprechend der Farbvarietät

KÖRPER gedrungen, muskulös, kurze Beine, breite, tiefe Brust

SCHWANZ kurz, buschig

FELL seidig, feine Textur, lang, dicht, Halskrause

FARBE White, Black/Blue/Chocolate/Lilac/Red/Creme Solid, Black/Blue/Chocolate/Lilac Tortie, Smoke, Silver Shaded Shell, Golden Shaded/Shell, Tabby, Silver Tabby, Golden Tabby, Van/Harlekin Bicolour, Van/Harlekin Bicolour Smoke, Van/Harlekin Bicolour Tabby, Van/Harlekin Bicolour Silver Tabby, Colourpoint, Tabby Point.

Opulenz pur – der Klassiker unter den Langhaar-Katzen

EXOTIC SHORTHAIR

Sie haben schon immer von einer Perser-Katze geträumt, sich jedoch davor gescheut, täglich 20 Minuten Fellpflege zu betreiben? Dann könnte die Rasse Exotic Shorthair eine Alternative für Sie sein. Die kurzhaarigen Charmeure müssen zwar auch regelmäßig gebürstet werden, doch der Pflegeaufwand ist weitaus erträglicher als bei der Perser. Die kurzhaarige Variante der Perser gleicht ihrer langhaarigen Verwandten in Körperbau und Wesen, kommt aber in einem luftigen Dress daher. Das dicke, weiche, plüschartige Fell erinnert an einen Teddybären und lädt zum Streicheln ein.

DAS ZUCHTZIEL

Kurzhaarige Perser hat es übrigens nicht seit jeher gegeben. Exotic Shorthairs sind keine Laune der Natur, sondern eine von Züchterhand geschaffene Rasse, deren Anfänge in den 50er und 60er Jahren des 20. Jahrhunderts zu suchen sind: In den USA, der Heimat der Exotic Shorthair, wurden zum damaligen Zeitpunkt bereits Perser mit American Shorthairs gekreuzt. Die Verpaarung dieser beiden Rassen sollte eine Typverbesserung der American Shorthair bewirken und ihr einen runderen Kopf sowie ein seidigeres Fell bescheren. 1966 richtete die Cat Fanciers' Association (CFA) eine Klasse für Kreuzungen aus Persern und American Shorthairs ein. Der Standard orientierte sich an dem der Perser. Während in der ersten Zeit ausschließlich Kreuzungen aus American Shorthair und Perser zugelassen wurden, lockerte sich diese Regelung: Es kamen weitere kurzhaarige Rassen hinzu, die mit Persern verpaart wurden.

GLEICHER TYP Wer die Pflege scheut, aber für Persertypen schwärmt, ist mit einer Exotic gut bedient.

AUF DEM VORMARSCH

Obwohl die plüschigen Bärchen mit dem puppenhaften Gesicht zu Beginn der Zucht ein uneinheitliches Bild boten und weit vom Idealtyp entfernt waren, gewann die Rasse Liebhaber. Daran konnte auch die Tatsache nichts ändern, dass viele amerikanische Perserzüchter um ihr „reinrassiges" Image bangten. Die Verpaarung exzellenter Perser und Exotic Shorthairs war die Voraussetzung für eine solide Zuchtbasis. Die Verpaarung zweier Exotic Shorthairs bot damals noch keine Alternative. Die typvollsten Katzen mit einer guten Fellqualität entstammten stets Exotic Shorthair-Perser-Verpaarungen. Heute werden Exotic Shorthairs mit Persern verpaart, um den Genpool zu vergrößern und Mängel auszugleichen. Im Gegensatz zu früher kommen typvolle Exotic Shorthairs heute oft auch ohne die Einkreuzung von Persern aus.

IDEALE WOHNUNGSKATZEN

Schnurrend auf der Wohnzimmercouch liegen, zusammengerollt in Frauchens Schoß schlafen und entspannte Schlummerstündchen auf dem Kratzbaum sind ganz nach dem Geschmack der kurzhaarigen Charmeure. Das ausgeglichene, ruhige Wesen macht die Rasse zur idealen Wohnungskatze. Voller Sanftheit umgibt die Exotic Shorthair ihre Bezugspersonen und scheint fast bemüht, keinem zur Last zu fallen. Von Zeit zu Zeit ist sie auch zum Spielen und Toben aufgelegt, aber ihre Energieausbrüche sind bei Weitem nicht mit denen der meisten Orientalen zu vergleichen. Das leise Stimmchen der Exotic Shorthair ergänzt ihr unaufdringliches und freundliches Wesen.

Exotic Shorthair-Fans lieben den Charakter der Kurzhaar-Edition der Perser. Ausgeglichenheit, ein freundliches Wesen, Neugierde, Robustheit und Aufmerksamkeit gehören zu den Rassemerkmalen. Auslauf, ein Freigehege oder ein gesicherter Balkon wecken das Interesse der liebenswerten Stubentiger, sind bei der Haltung aber kein Muss.

So sieht sie aus

TYP mittelgroß bis groß, gedrungen

KOPF rund, massiv, gut proportioniert, breiter Schädel; gerundete Stirn; volle Wangen; kurze, breite Nase, deutlicher Stopp; weit auseinanderstehende, niedrig platzierte Ohren

AUGEN groß, rund, offen, weit auseinander platziert, ausdrucksvoll, klare Farbe

KÖRPER gedrungen, niedrige Beine, breite Brust, Schulter und Rücken sind massiv und gut bemuskelt

SCHWANZ kurz, gut behaart, gerundetes Ende

FELL dicht, plüschig, weich, abstehend

FARBE White, Black/Blue/Chocolate/Lilac/ Red/Creme Solid, Black/Blue/Chocolate/ Lilac Tortie, Smoke, Silver Shaded Shell, Golden Shaded/Shell, Tabby, Silver Tabby, Golden Tabby, Van/Harlekin Bicolour, Van/ Harlekin Bicolour Smoke, Van/Harlekin Bicolour Tabby, Van/Harlekin Bicolour Silver Tabby, Colourpoint, Tabby Point.

Perser im kurzhaarigen Kleid – daher ganz pflegeleicht

STARS
mit halblangem Fell

RASSEKATZEN MIT HALB-
LANGEM HAAR STEHEN HOCH
IM KURS BEI DEN LIEBHABERN
DER SCHNURRENDEN ZUNFT.
ALLEN VORAN FÜHREN MAINE
COONS UND NORWEGER DIE
LIGA DER BELIEBTEN SCHÖNEN
AN, ABER AUCH NEVA MAS-
QUERADE UND SIBIRER SIND
AUF DEM VORMARSCH.

Halblanghaar-
KATZEN

Zehn unterschiedliche Rassen werden von der FIFe in der Kategorie II (Semi-Long-hair) zusammengefasst: American Curl Longhair, American Curl Shorthair, Maine Coon, Neva Masquerade, Norwegische Waldkatze, Ragdoll, Heilige Birma, Sibirer, Türkisch Angora und Türkisch Van. Seit dem 1. Januar 2011 versteckt sich die Neva Masquerade nicht mehr unter der Rubrik Sibirer, sondern ist eine anerkannte Rasse. Man kann diese Katzen als Semilanghaar oder als Halblanghaar-Katzen bezeichnen. Die Felllänge der einzelnen Rassevertreter variiert teilweise ganz schön. Das kann man schon allein an der Unterteilung American Curl Longhair und American Curl Shorthair erkennen. Die meisten „Kringelöhrchen" liegen in der Realität irgendwo dazwischen. Halblanghaar-Katzen haben in den letzten Jahren einen regelrechten Boom erlebt, wobei Maine Coons und Norwegische Waldkatzen bei diesem Rennen mit Abstand ganz vorn lagen. In Europa sind allenfalls die American Curl-Varianten selten. Kringelöhrchen sind eben nur etwas für Liebhaber des ganz Besonderen. „Türken", „Birmchen", „Sibis", „Nevas" und Ragdolls gehören hingegen nicht unbedingt zu Raritäten, die man mit der Lupe suchen muss, was wiederum eine sorgfältige Zuchtauswahl erforderlich macht.

DIE SHOOTING STARS

Trotz allem ist ihre Popularität nicht mit der von Maine Coons und Norwegischen Waldkatzen zu vergleichen. Die „Gentle Giants" und die liebenswerten Waldschrate aus dem hohen Norden haben die Herzen der europäischen Nation erobert. Dass diese Entwicklung den beiden Rassen nicht nur Vorteile gebracht hat, liegt auf der Hand. Züchter schossen wie Spargel aus dem Boden und nicht immer sind Know-how und Seriosität vorhanden, um einer verantwortungsvollen Zucht gerecht zu werden. Schlechte Fellqualität, mangelhafter Typ, Wesensprobleme und gesundheitliche Störungen kommen von profitorientierter Vermehrerei. Zum Glück gibt es auch Züchter, denen die Gesundheit und Wesensfestigkeit ihrer Katzen wichtig sind.

PFLEGELEICHT

Was Freunden der schnurrenden Zunft entgegenkommen dürfte, ist der überschaubare Pflegeaufwand, den halblanghaarige Schönheiten mit sich bringen, bei den meisten Rassen reicht ein- bis zweimaliges Bürsten pro Woche aus. Als Besitzer einer Semilanghaar-Katze sollte man insbesondere die Bauchunterseite, die Innenschenkel, die Achselhöhlen und das Fell hinter den Ohren im Auge behalten. An diesen Stellen bilden sich

CHARAKTERKOPF eines Maine Coon-Katers.

wie die meisten Orientalen, aber sicherlich auch keine ausgemachten Schlafmützen. Mit standfesten Kratzbäumen und stabilem Spielzeug sind Besitzer halblanghaariger Stubentiger sicherlich gut beraten. Temperament und Draufgängertum gehen bei diesen Rassen meistens mit einer robusten Psyche einher. Diese Eigenschaft macht die Halblanghaar-Gang zu idealen Familienkatzen. Kinder, Hunde und andere Haustiere werden in der Regel problemlos akzeptiert und die Nerven des Mäusefängers liegen noch lange nicht blank, nur weil es im Alltag einmal turbulenter hergeht.

leicht kleine Knoten, die verfilzen, wenn man sie nicht rechtzeitig entwirrt. Der Pflegeaufwand hängt nicht zuletzt von der individuellen Felllänge und -beschaffenheit der Katze ab; außerdem davon, ob man sein Tier ausstellen möchte oder nicht. Um auf dem Jahrmarkt der Eitelkeiten zu bestehen, muss man schon tiefer in die Pflege-Trickkiste greifen.

KUMPELHAFTE NATURBURSCHEN

Obwohl jede Katze ein kostbares Individuum mit speziellen Eigenarten ist, gibt es bei den meisten Halblanghaar-Katzen einige Parallelen, die über die Felllänge hinausgehen. So entpuppen sich Sibirer, Türkisch Van, Türkisch Angora, Norweger und Maine Coons als echte Naturburschen. Sie alle schleichen gern im Garten umher und lieben es, Freigehege oder abgesicherte Balkone unsicher zu machen. Ihre Fellbeschaffenheit lässt Outdoor-Abenteuer durchaus zu.
In Sachen Temperament geht es bei den robusten Mäusefängern ganz schön hoch her. Sie sind zwar längst nicht so ruhelos

CHARMANT eine Ragdoll-Dame.

AMERICAN CURL

Das Auffälligste an ihr sind ihre nach hinten gebogenen Ohren. Ansonsten ähnelt die American Curl einer Hauskatze, von der sie auch abstammt – mal mit längerem, mal mit kürzerem Fell. Ihr freundliches und anhängliches Wesen macht sie zu einem liebenswerten Hausgenossen. Ihre Intelligenz stellt Katzenfreunde vor manch ungeahnte Herausforderung. In den USA hat die interessante Rasse längst Verbreitung gefunden; in Europa ist sie seltener. Allem Anschein nach handelt es sich bei der Rasse American Curl um eine spontane Mutation auf der Basis normaler Hauskatzen. Vermutlich hat es schon immer Katzen mit nach hinten gebogenen Ohren gegeben, allerdings machte sich niemand die Mühe, solche Raritäten gezielt zu züchten.

Das änderte sich zu Beginn der 1980er Jahre. Da entdeckte ein südkalifornisches Züchterpärchen eine langhaarige, schwarze Katze mit ungewöhnlichen Ohren in einer Garageneinfahrt. Sie nahmen den herrenlosen „Exoten" mit und gründeten mit ihm die American Curl-Zucht.

ANERKENNUNG

Diese verlief so erfolgreich, dass schon kurz darauf langhaarige und kurzhaarige Curls gezüchtet wurden. Die großen Katzenverbände kamen nicht mehr an den für viele seltsam anmutenden Samtpfoten vorbei. 1987 erfolgte die TICA-Anerkennung, vier Jahre später die der CFA und seit 2002 sind American Curls auch von der FIFe anerkannt. Inzwischen gibt es die charmanten „Rollohren" in fast allen

EXKLUSIVITÄT PUR Diese American Curl hat perfekt gekringelte Ohren und zwei verschieden farbige Augen.

erdenklichen Farben und Mustern. Chocolate und Cinnamon sowie deren Verdünnungen Lilac und Fawn in allen Kombinationen (Bicolour, Tricolour, Tabby, Point) waren lange nicht anerkannt. Die Augenfarbe sollte einheitlich sein und mit der Fellfarbe harmonieren. Bei Colourpoints ist ein intensives Blau gewünscht. Die Popularität nahm zu und das verwundert keinen, der American Curls kennt. Ihre Sanftheit und ihr freundliches Wesen wickeln jeden um die Pfote. Intelligenz und Lernbereitschaft garantieren Spaß, und dank ihrer Verträglichkeit gibt es in der Regel auch keine Probleme mit Artgenossen und anderen Haustieren.

PFLEGE

Das Fell der mittelgroßen, schlanken Amerikanerin ist pflegeleicht, sollte aber regelmäßig gebürstet werden, um den seidigen Glanz zu erhalten. Bei langhaarigen American Curls ist während des Fellwechsels mit häufigerem Bürsten zu rechnen. Laut Standard liegt das Fell flach an und hat kaum Unterwolle. Der Schwanz besticht mit einer fedrigen Behaarung. Der Kragen der American Curl ist bei Weitem nicht so ausgeprägt wie der von Norwegischen Waldkatzen oder Maine Coons.

QUALITÄT DER OHREN

Die Qualität einer American Curl wird nicht nur am Wesen, sondern auch an der Ausprägung der gebogenen Ohren fest gemacht. Ihre Biegung darf 180 Grad nicht übersteigen und auch nicht unter 90 Grad liegen. Der untere Teil der mittelhoch gesetzten Ohren besteht aus steifem Knorpel, wobei der Ansatz breit und

offen sein sollte. Die Ohrenspitzen sind in einer Rundung gebogen und sollen elastisch sein. Sie dürfen die Rückseite der Ohren nicht berühren. Und noch etwas ist wichtig: die Symmetrie: Betrachten Sie die äußeren Ohrenkanten und verlängern Sie diese Linien im Geiste durch die Ohrenspitzen. Sie müssen sich genau in der Mitte des Schädels treffen, dann ist auch die gewünschte Symmetrie gegeben. Aus den Ohren herauswachsende Haarbüschel runden das Bild einer idealen American Curl ab. Die fröhlichen Katzen mit den Kringelöhrchen sind die idealen Katzen für Menschen, die das Besondere lieben.

So sieht sie aus

TYP mittelgroß

KOPF länger als breit, keilförmig, leicht geschwungenes Profil

AUGEN walnussförmig, oberes Lid oval, unteres rund

KÖRPER mittelschwerer Körperbau, gestreckt, schlank, mäßig entwickelte Muskulatur

SCHWANZ lang, breit am Ansatz, leicht gerundete Spitze, fedrig behaart

FELL seidig, flach anliegend, kaum Unterwolle, meistens mittellang

FARBE Alle Farbvarietäten und Muster sind erlaubt.

Kringelohren für alle, die das Außergewöhnliche lieben.

MAINE COON

Die Amerikaner nennen den wuscheligen Katzengoliath zärtlich „Gentle Giant" und spielen damit gleichzeitig auf das liebenswerte Wesen und die beeindruckende Größe der Maine Coon an. Zwar gehören abenteuerliche Berichte von 20 Kilogramm schweren Exemplaren vermutlich dem Reich der Märchen und Legenden an, aber groß ist sie tatsächlich, die Maine Coon – ziemlich groß sogar.

Zieht man mit Norwegern und Sibirern andere Waldkatzenrassen zum Vergleich heran, lässt die imposante Katze aus dem US-Bundesstaat Maine in puncto Größe die Siegesfanfare ertönen und auch auf der Waage sticht sie die Konkurrenz spielend aus. Eine Norwegische Waldkatze mit zwölf Kilogramm Kampfgewicht wäre allenfalls als fett einzustufen, während große Maine Coons auch bei durchtrainiertem Körper den Zeiger der Waage jenseits der Zehn-Kilogramm-Grenze zum Ausschlagen bringen.

Hüten Sie sich jedoch vor allzu großen und schweren Rassevertretern. Zu viel Gewicht schadet den Knochen, Bändern und Sehnen. Leider wurde auch die ansonsten vor allem bei Hunden auftretende Krankheit Hüftgelenksdysplasie schon bei Maine Coons beobachtet. Für ein bewegungsfreudiges Raubtier, das für sein Leben gern hohe Bäume erklimmt, atemberaubende Sprünge wagt und blitzschnell beim Beutezug reagiert, ist eine Deformation im Hüftgelenk geradezu fatal. Also besser aufs gesunde Mittelmaß achten.

ECHTE BRUMMER sind Maine Coons. Kater bringen manchmal sogar über zehn Kilo auf die Waage.

MARKANT Ein kräftiges Kinn ist erwünscht.

WASCHBÄR IM PEDIGREE?

Es hat schon viel Rätselraten gegeben um den verwirrenden Namen „Maine Coon". Dass es sich bei „Maine" um einen amerikanischen Staat handelt, ist noch nachzuvollziehen, das Wörtchen „Coon" lässt Neulinge jedoch ratlos die Stirn runzeln. Angeblich wurde „Coon" vom englischen Wort „racoon" abgeleitet, das ins Deutsche übersetzt „Waschbär" bedeutet. Es ist also vermutlich dem wuscheligen Waschbärschwanz zuzuschreiben, dass die naturverbundenen Namensgeber der Rasse an den vorwitzigen „racoon" dachten, als sie nach einer passenden und aussagekräftigen Bezeichnung für die beeindruckende Katzenrasse suchten.

EINFACH UNKOMPLIZIERT

Wer einmal eine Maine Coon sein Eigen nennen durfte, wird genau wissen, warum diese Rasse, deren Ursprung sich bis in die Mitte des 19. Jahrhunderts zurückverfolgen lässt, so unglaublich beliebt ist. Die wuscheligen Zeitgenossen haben einen zauberhaften, unkomplizierten Charakter und sind obendrein noch pflegeleicht. Obwohl sie ohne Zweifel naturverbundene Katzen sind, erweisen sie sich als anschmiegsame und liebebedürftige Familienmitglieder, die zärtliche Streicheleinheiten und gemütliche Kuschelstunden auf der Couch durchaus schätzen. Maine Coons sind nicht so geschwätzig wie Orientalen und auch bei Weitem nicht so aufgedreht wie im Schlanktyp stehende Miezen. Ihr Wesen ist vor allem ausgeglichen und gesetzt, wobei regelmäßige Temperamentsausbrüche durchaus mit auf dem vollen Tagesprogramm stehen.

ARTGENOSSEN

Da Maine Coons durch und durch gesellige Katzen sind, sollte man ihnen einen Artgenossen nicht vorenthalten. Es wäre geradezu ideal, wenn Sie gleich zwei Kätzchen erwerben und sie gemeinsam groß werden lassen. Zwei oder drei Katzen langweilen sich eigentlich nie und haben auch kein Problem damit, wenn ihre Menschen tagsüber mehrere Stunden lang außer Haus weilen. Für eine in Einzelhaft lebende Maine Coon kann der Alltag schnell triste Formen annehmen, die über kurz oder lang zu Unsauberkeit und Introvertiertheit führen können.

FRISCHLUFT

Wenn Sie Ihrer Maine Coon eine Freude machen wollen, sollten Sie ihr die Möglichkeit verschaffen, regelmäßig Frischluft zu schnappen. Die naturverbundenen Vierbeiner schätzen Ausflüge ins Freigehege und können Stunden damit zubringen, vorbeifliegende Vögel zu beobachten oder Schmetterlingen hinterherzuspringen. Sollten Sie keine Möglichkeit haben, Ihrer Maine Coon ein Freigehege einzurichten, könnten Sie vielleicht Ihren Balkon mit einem Katzennetz versehen und Ihrem schnurrenden Herzblatt auf diese Weise einen Platz an der Sonne verschaffen. Sicherheitsnetze gibt es in jedem größeren Zoofachhandel und die neuesten Konstruktionen sind auch denkbar einfach zu installieren.

WORAUF SIE ACHTEN SOLLTEN

Die große Beliebtheit der Maine Coon spiegelt sich seit vielen Jahren auf jeder Katzenausstellung mit internationalem Rang. Die freundlichen Riesen führen oft die Liste der am stärksten vertretenen Rassen an und ziehen nach wie vor ein enormes Besucherinteresse auf sich. Auf viele wirkt die halblanghaarige Schönheit

PUSCHELOHREN Die Haarbüschel am Ohr sind typisch.

offensichtlich unwiderstehlich attraktiv. Die rege Nachfrage weckt natürlich auch Züchterinteressen. Leider nicht immer nur von seriösen Anbietern. Umso wichtiger ist es, beim Kauf einer Maine Coon ganz genau hinzuschauen. Wer ein Liebhaber-Kätzchen sucht und sich weder für Ausstellungen noch für die Zucht interessiert, muss dabei vorrangig die Gesundheit des Tieres überprüfen. Wer von Pokalen und züchterischen Aktivitäten träumt, sollte darüber hinaus auf weitere wichtige Kriterien achten, denn aufgrund des großen Angebots haben sich auch jede Menge optischer Mängel eingeschlichen.

HÄUFIGE FEHLER

Vor allem darf eine Maine Coon nicht zu klein, feinknochig oder gedrungen wirken. Ihre Körperproportionen sollten ausgewogen sein, also harmonisch wirken. Entsteht beim Betrachten der Eindruck, dass Kopf, Rücken, Beine und Schwanz von der Größe und Form her nicht zueinanderpassen, ist das schlecht für die Ausstellungs- oder Zuchtkarriere. Lange, staksige Beine und kurze Schwänze sorgen oft für einen uneinheitlichen Eindruck und werden von Zuchtrichtern deshalb als Fehler gewertet. Ein Fehler, der ebenfalls oft zu sehen ist, ist ein zu runder Kopf. Sein Umriss sollte kantig sein, denn das macht schließlich das charakteristische Aussehen der Maine Coon aus. Das gilt auch für das sanft geschwungene Profil. Fällt es einer kerzengeraden Optik oder gar einer konvexen Form zum Opfer, ist der rassetypische Look dahin. Runde oder auch spitze Schnauzen sind ebenfalls Fehler. Denn die kantige Schnauzenform ist ein Muss

PFLEGELEICHT trotz des üppigen Fells.

schließlich in lange, strähnige Pluder-
hosen an den Hinterbeinen auszulaufen.
Auch am Bauch sollte das Fell lang und
strähnig sein. Ist es dort kurz, gilt das als
Fehler. Dass die Unterwolle der Maine
Coon im Winter ein üppigeres Polster
bildet als im Sommer, ist normal und bei
einem Allwetter-Fell auch durchaus erwünscht, aber ganz fehlen darf sie keinesfalls. Wichtig: Zwischen Maine Coon-
Katern und Maine Coon-Katzen besteht
bisweilen ein enormer Größenunterschied.
Das ist bei dieser Rasse völlig normal.
Wie auch die ausgesprochen langsame
körperliche Entwicklung.

für standardgerechte Maine Coons,
wie auch das kräftige Kinn. Ein fliehen-
des Kinn, das meistens mit einer spitzen
Schnauzenform einhergeht, ist unerwünscht. Während hoch am Kopf stehende Ohren mit einem Hauch Außen-
richtung Züchterherzen höher schlagen
lassen, gelten weit auseinanderstehende
Ohren mit deutlicher Außenneigung als
fehlerhaft. Und auch bei der Augenform
ist häufig das zu sehen, was laut Standard
nicht in die Maine Coon-Zucht gehört:
mandelförmige Augen. Wer sie liebt, sollte sich für eine andere Rasse entscheiden,
denn ein Gentle Giant kommt mit leicht
ovalen, fast ganz runden Augen daher.

ÜPPIGES HAARKLEID

An Fell sollte es einer Maine Coon auch
nicht mangeln. Wobei es niemals am
ganzen Körper gleich lang ist. Am Kopf
eher kurz, gefolgt von einer üppigen Halskrause, wird es im Verlauf des Rückens
und an den Seiten immer länger, um

So sieht sie aus

TYP groß, kräftig

KOPF mittelgroß, kantig, konkave
Nasenlinie, gebogene Stirn, hohe Wangenknochen

AUGEN groß, weit auseinanderstehend,
leicht oval, klare Farbe

KÖRPER lang gestreckt, rechteckig,
starker Knochenbau, harte Muskulatur,
breiter Brustkorb

SCHWANZ breiter Ansatz, zum Ende hin
spitz; volle, lange, wehende Behaarung

FELL dichtes, halblanges Deckhaar,
mäßiges Unterfell; kurz an Kopf, Schultern, Beinen; lange, volle Hosen

FARBE alle außer Pointzeichnung,
Chocolate, Cinnamon, Lilac, Fawn

Megastark – alles an ihr ist X-Large.

NORWEGER

Luchsartige Haarpinsel, die im Gegenlicht leuchten, eine löwenähnliche Halskrause, ein prächtig behaarter Schwanz und puschelige „Knickerbocker" an den Hinterbeinen sind die Markenzeichen der Norwegischen Waldkatze. Die charmanten Herzensbrecher aus dem hohen Norden sind zwar nicht ganz so groß wie die „Gentle Giants" (Maine Coons), aber imposant sind sie allemal. Ihr halblanges, wasserabweisendes Deckhaar und die dichte Unterwolle lassen bisweilen sogar den Eindruck einer enormen Größe entstehen. Die Unterseite der Pfoten wird von langen Haarbüscheln – den sogenannten Schneeschuhen – geziert. Sie verhindern das Einsinken im frischen Pulverschnee. Als Nachfahren verwilderter Hauskatzen sind Norweger ausgesprochen anpassungsfähig. Obwohl ihre Vorfahren

jahrhundertelang auf skandinavischen Bauernhöfen lebten und ein halbwildes Dasein führten, eignen sich die sanften Schmuser aus dem kalten Norden durchaus für die Wohnungshaltung. Solange ein standfester Kratzbaum, Spielzeuge, menschliche Zuneigung, mindestens ein Artgenosse und eine ausgewogene Ernährung gewährleistet sind, steht dem Wohlbefinden nichts im Weg. Freigehege und abgesicherte Balkone werden gern angenommen. Wer die Voraussetzungen hat, seinen Norwegern dieses „Frischluftvergnügen" zu ermöglichen, wird feststellen, dass sich die robusten Stubentiger weder vor Wind noch Wetter fürchten. Die fettigen Grannenhaare schützen den Körper vor Feuchtigkeit und die dichte Unterwolle hält die robusten Trolle herrlich warm.

ACTION, PLEASE!

Norwegische Waldkatzen sind gesellige Zeitgenossen. Sie schätzen freundliche Artgenossen und sind sozial. Die temperamentvollen Schmuser verabscheuen die Einsamkeit. Es ist keinesfalls anzuraten, eine Norwegische Waldkatze allein zu halten, wenn man den ganzen Tag über außer Haus weilt. Doch selbst wenn mehrere Tiere zusammenleben, muss sich der Norweger-Halter darauf einstellen, dass ihn seine Samtpfoten gern in Beschlag nehmen. Der Kontakt zu Menschen ist ein wichtiger Aspekt der Norweger-Haltung: Die liebenswerten Katzen aus

LÖWENMÄHNE Norweger haben eine üppige Halskrause.

NORWEGER sind verspielte Persönlichkeiten.

nordischen Gefilden lieben die Gesellschaft ihrer Menschen und fühlen sich als vollwertiges Familienmitglied. Sie wollen an allem teilhaben und sollten auf gar keinen Fall vom Alltagsleben ausgeschlossen werden. Norwegische Waldkatzen interessieren sich für alles, was in ihrer Umgebung geschieht.

GUT ANGEPASST

Die im 19. Jahrhundert als Trollkatzen bezeichneten Vierbeiner sind ein Meisterwerk der Evolution. Ihr Organismus hat sich dem wechselhaften subarktischen Klima der skandinavischen Wälder optimal angepasst. Die norwegischen Winter sind eiskalt, im Sommer wird es heiß. Das klimatische Wechselbad stellt höchste Anforderungen an die Anpassungsfähig-

keit der Tierwelt. Die Norwegische Waldkatze hat diese Aufgabe mit Bravour gemeistert: Während des Winters wärmt sie ein prächtiges Fell: Dicke Unterwolle schützt vor den eisigen Temperaturen; die äußere Fellschicht ist von fettigem, wasserabweisendem Deckhaar überdeckt, das effektiv Nässe und Wind vom Körper fernhält. Die Ohren sind mit üppigen Haarbüscheln ausgestattet, welche die Ohrmuschel vor der Kälte schützen. Auch die Fellbüschel zwischen den Zehen sind ein Charakteristikum der Norsk Skaukatt.

URSPRUNG

Der Ursprung der temperamentvollen und liebenswerten Energiebündel aus den kalten Wäldern Norwegens ist sagenumwoben: Angeblich soll Gott Thor einst vergeblich versucht haben, eine Norwegische Waldkatze emporzuheben. Sie sei einfach zu groß und schwer gewesen. Auch die blonde Göttin Freyja wusste offensichtlich die Kraft der nordischen Waldschrate zu schätzen: Will man den

FLIPPIGES TRIO Norweger-Babys erobern die Welt.

SECHS AUF EINEN STREICH Dieser Wurf spiegelt die farbliche Vielfalt der Rasse wider ...

skandinavischen Sagen Glauben schenken, wurde ihr Wagen von Norwegischen Waldkatzen gezogen.

Besser dokumentiert ist der Beginn gezielter Zucht: Kater „Pans Truls" stand Pate für den ersten Standard, der bereits 1972 erstellt wurde. Die offizielle Anerkennung der Rasse durch die FIFe ließ noch bis 1976 auf sich warten. 1977 erhielten Norwegische Waldkatzen erstmals den Championstatus.

DER BUSCHIGE SCHWANZ ist ein Muss für Norweger.

WORAUF SIE ACHTEN SOLLTEN

Norwegische Waldkatzen erfreuen sich – wie auch die Maine Coon – einer ungebrochenen Beliebtheit. Auf Rassekatzenausstellungen können sie den Gentle Giants von den Meldezahlen her die Pfote reichen. Die Nachfrage ist überwältigend, was wiederum ein schier unüberschaubar großes Angebot nach sich zieht. Folglich gilt auch hier: Wer eine Norwegische Waldkatze sucht, die Zuchtrichter begeistert und züchterischen Einsatz finden soll, sollte sehr genau hinsehen, bevor er sich für ein Kätzchen entscheidet. So gibt es immer wieder zu kleine oder auch zu fein gebaute Norweger. Dabei fordert der Standard große Katzen mit langen, kräftig gebauten Körpern. Runde oder viereckige Köpfe sind ebenfalls keine Seltenheit, aber dennoch nach wie vor unerwünscht. Ein typvoller Norweger-Kopf gleicht einem Dreieck. Auch beim Profil lohnt sich ein kritischer Blick. Es sollte gerade sein und die Nasenlinie darf kein

...Und es gibt noch viel mehr!

Denn was in den ersten Jahren der Zucht noch häufig zu sehen war, weicht immer öfter einem viel zu seidigen, filzigen oder trockenen Fell. Eine fertig entwickelte Norwegische Waldkatze hat darüber hinaus eine Halskrause, luchsartige Büschel auf den Ohrspitzen und üppige Knickerbocker (üppig behaarte Höschen) an den Hinterbeinen. Doch bis sie ihre volle Pracht entwickelt, können bis zu zwei Jahre vergehen. Norweger sind absolute Spätentwickler. Vor allem die Breite und die Kompaktheit des Körpers erreicht erst spät ihr volles Ausmaß.

Break (Knick) unterbrechen. Die korrekte Ohrenstellung gleicht einer Herausforderung, denn sie darf weder zu weit außen, noch zu weit innen liegen. Bei der ersten Variante entsteht ein Fledermaus-Effekt, bei der zweiten erinnert der Katzenkopf an den eines Hasen – ideal ist es, wenn die äußere Linie der Ohren über die Backen gerade in die Kinnlinie übergeht. Der Körper einer typvollen Norwegischen Waldkatze ist lang. Und Länge wünscht sich der Standard auch für Beine und Schwanz.

SPÄTENTWICKLER

Das Fell der charmanten Nordlichter gehört ebenfalls zu den züchterischen Herausforderungen. Wolliges, mit den Jahreszeiten variierendes Unterfell trifft auf wasserabweisendes Deckhaar, wobei die langen, groben, glänzenden Grannenhaare an Rücken und Flanken rassetypisch sind. Sie entwickeln sich jedoch oft erst innerhalb der ersten sechs Lebensmonate des Kätzchens. – im Idealfall:

So sieht sie aus

TYP groß

KOPF dreieckig; langes, gerades Profil ohne Stopp, Haarpinsel an den Ohren

AUGEN groß, oval, leicht schräg gestellt

KÖRPER kräftig, gestreckt, massive Knochen, lange Beine; Hinterbeine höher als die Vorderbeine, Haarbüschel zwischen den Zehen

SCHWANZ lang, buschig

FELL halblang, wolliges Unterfell, wasserabstoßendes Deckhaar an Flanken und Rücken, lange, grobe, glänzende Grannenhaare; Hemdbrust, Halskrause, Knickerbocker

FARBE alle außer Pointed-Abzeichen, Chocolate, Lilac, Cinnamon und Fawn

Nordischer Charme mit Luchspinseln auf den Ohrspitzen

RAGDOLL

Ragdolls gehörten lange Zeit zu den umstrittensten amerikanischen Katzenrassen überhaupt und genießen noch immer einen Ruf, der jeglichen Realitätsbezug entbehrt: Erschreckend viele Katzenfreunde glauben, Ragdolls seien schmerzunempfindlich, doch das ist Unsinn. Ganz gleich, ob es um die Anerkennung der Rasse oder um die angeblich spektakulären Eigenschaften der Ragdoll ging – die charmanten Vertreter der Katzenwelt standen für viele Jahre im Kreuzfeuer der Kritik. Inzwischen haben sich die Wogen weitgehend geglättet. Das Märchen von der Schmerzunempfindlichkeit und den ungewöhnlichen Eigenschaften der Ragdolls kursiert, seitdem es diese Rasse gibt. Es ist schwer nachzuvollziehen, aber in der Tat war es die Schöpferin der Rasse selbst, die haarsträubende Gerüchte über ihre Tiere in die Welt setzte. Die Wiege der Ragdolls steht im Städtchen Riverside in Kalifornien. Dort verpaarte Ann Baker in den 60er Jahren des 20. Jahrhunderts eine weiße, angoraähnliche Katze mit einem Birma-Kater. Die aus dieser Verpaarung hervorgegangenen Kätzchen gelten als Basis der Ragdoll-Zucht.

DER TRAGISCHE UNFALL

Die Kitten sollen ausgesprochen sanft, hübsch und gutmütig gewesen sein. Ann Baker sah den Sachverhalt ganz anders: Die Mutter der Kätzchen, Josephine, hatte Monate vor dem Wurf einen Autounfall erlitten und dabei eine Hirnverletzung und einen Beckenbruch davongetragen. Die Katze überlebte wie durch ein Wunder und soll nach dem Unfall plötzlich über außergewöhnliche Fähigkeiten verfügt haben. Ann Baker behauptete, Josephine sei völlig schmerzunempfindlich

RAGDOLL BEDEUTET LUMPENPUPPE – doch so schlaksig sind die wunderschönen Samtpfoten nicht.

und so sanft, dass sie sich beim Hochnehmen wie eine schlaffe Lumpenpuppe (Ragdoll = Lumpenpuppe) hängen lasse. Die amerikanische Züchterin ging noch weiter: Sie propagierte, Josephine habe ihre durch den Unfall bedingten Charakteristika an ihre Kitten weitervererbt. Rein wissenschaftlich ist das grober Unfug.

KAMPF UM DIE ANERKENNUNG

Inzwischen wird die Rasse Ragdoll in den USA von fast allen Katzenverbänden anerkannt. Lange Zeit hatte es harte Kritik vonseiten der Birma-Züchter gehagelt, die in der Ragdoll eine „Birma-Imitation" sahen, und der Antrag auf Anerkennung wurde häufig abgelehnt, weil man die genetische Reinheit der Ragdoll infrage stellte.

WESEN

Ragdolls sind ausgesprochen menschenbezogene Katzen, die überhaupt nicht gern allein bleiben. Die meisten Vertreter dieser Rasse zeichnen sich durch eine ausgeprägte Verträglichkeit und ein soziales Wesen aus. Ragdolls lassen sich auch relativ problemlos in einen bestehenden Katzenbestand integrieren. Immer wieder hört man das Gerücht, Ragdolls seien träge und langweilig, doch das ist völliger Unsinn. Wer einmal Gelegenheit hatte, eine Ragdoll-Gruppe in Aktion zu erleben, wird wissen, dass diese Behauptung keine Grundlage hat: Die attraktiven und durchaus temperamentvollen Halblanghaar-Katzen sind sehr an ihrer Umwelt interessiert und allem gegenüber aufgeschlossen. Die klassischen Maskenkatzen, die als Spätentwickler gelten, sind überaus neugierig, einfallsreich und ausgesprochen verspielt.

So sieht sie aus

TYP massiv, groß, kräftige Erscheinung

KOPF mittelgroß, breite, modifizierte Keilform, gut ausgebildete Wangen, mittellange Schnauze

AUGEN groß, oval, blau

KÖRPER lang, muskulös, breite Brust, mittelschwere Knochen, mittellange Beine, hinten höher als vorne

SCHWANZ lang, behaart, buschig

FELL mittellang, dicht, weiche, seidige Textur, lang am Hals, kurz im Gesicht

FARBE Muster: Colourpoint, Tortie Colourpoint, Tabby Colourpoint, Tortie Tabby Colourpoint, Bicolour, Tabby Bicolour, Tortie Bicolour, Tortie Tabby Bicolour, Mitted, Tortie Mitted, Tabby Mitted, Tortie Tabby Mitted, Farben: Seal, Blue, Chocolate, Lilac, Red, Cream.

Weit entfernt von einer Schlenkerpuppe

GANZ SCHÖN BUNT

Was Ragdolls von anderen Maskenkatzen unterscheidet, ist, dass es bei ihnen mehrere Mustervarianten gibt: Colourpoint, Bicolour und Mitted – mit allen Tabby-, Tortie- und Tortie-Tabby-Varianten. Hinzu kommen die vier traditionellen Farben: Seal, Blau, Chocolate und Lilac. Und die neueren Farben Rot und Creme. Insgesamt gibt es zwölf verschiedene Varietäten, die den großen Katzen mit dem muskulösen, langen Körper einen unvergleichlichen Charme verleihen.

HEILIGE BIRMA

Kaum jemand kann der berauschenden Schönheit der flauschigen Birmchen widerstehen. Heilige Birmas, die schon 1925 in Frankreich als Rasse anerkannt wurden, schnurren besonders tief und wohlig. Sie maunzen nicht aufdringlich, sondern gurren allenfalls so freundlich, dass einem richtig warm ums Herz wird. Sie sind Schmeichler und Charmeure, deren Kunst zu betören in der Katzenwelt ihresgleichen sucht.

Schnöde Aufdringlichkeit ist ihnen zuwider. Birmchen setzen ihren Willen mit Einfühlsamkeit und Verstand durch – gehen niemals einfach mit dem zauberhaften Kopf durch die Wand. Kenner der Rasse beteuern, die kuscheligen Fellkugeln seien überaus intelligent. Mag sein, auf jeden Fall sind sie Meister der Anpassung.

URSPRUNG

Sagen und Legenden ranken sich um die Herkunft der blauäugigen Schönheiten. Ob sie nun aus dem asiatischen Hochgebirge stammen oder nicht, sei dahingestellt. Als gesichert gilt auf jeden Fall Folgendes: Die wunderschöne Heilige Birma soll aus einer Kreuzung zwischen Bicolour-Langhaar-Katzen und Siamesen entstanden sein. Es steht außer Frage, dass für die Schaffung einer breiten Zuchtbasis diverse Katzenrassen miteinbezogen wurden. Nicht nur, dass der Ursprung der Heiligen Birma mit großer Wahrscheinlichkeit auf die Verpaarung langhaariger Bicolours und Siamkatzen zurückgeht, auch vor dem zweiten Welt-

krieg entstammte die Mehrzahl der Jungtiere Birma- und Khmer-(= Angora) Verpaarungen. Als nach dem Zweiten Weltkrieg wieder eine viel zu kleine Zuchtbasis zur Verfügung stand, musste erneut auf andere Rassen zurückgegriffen werden. Mitte der 1950er Jahre galt die Rasse in Frankreich als stabilisiert und man exportierte ein Paar nach England, wo die Rasse elf Jahre später anerkannt wurde. 1959 erfolgte der erste Import in die USA und zu Beginn der 1960er Jahre nach Deutschland.

BRAV UND VERSPIELT

Die Auffassungsgabe der samtpfotigen Schönheiten erleichtert die Erziehung. Heilige Birmas wollen ihrem Menschen gefallen. Und damit ist nicht nur ihr wunderschönes Fell gemeint, das recht pflegeleicht ist. Sie begreifen schnell, was ihr Zweibeiner nicht schätzt.

Von Natur aus sehr verspielt, machen sich Heilige Birmas mit heller Begeisterung über alle Objekte her, an denen man seinen Spieltrieb austoben kann. Der liebe Zweibeiner hat mal wieder vergessen, ein neues Fellmäuschen mitzubringen? Macht nichts. Der zusammengeknüllte Briefumschlag aus dem Papierkorb ist mindestens ebenso gut und wird unermüdlich über den Teppich gekickt.

ZWERGE UNTER SICH

Birmchen haben ein Herz für Kinder; die meisten jedenfalls. Es ist geradezu erstaunlich, welches Maß an Toleranz die

BLAU UND KRISTALLKLAR Wie ein Bergsee sind die schönen Augen der Heiligen Birma.

flauschigen Diven entwickeln, wenn sie sich zweibeinigem Nachwuchs gegenübersehen. Da wird jede noch so ungeschickte Bewegung verziehen und mit duldsamer Miene über andere Unannehmlichkeiten hinweggesehen. Besonders ausgeprägt sind diese Eigenschaften bei Heiligen Birmas, die in Haushalten mit Kindern aufgewachsen sind.

AM LIEBSTEN IM PULK

Ein Birmchen ist eine schöne Sache, zwei oder drei sind aber noch viel besser. Glück im Doppelpack oder Terzett ist garantiert, wenn man gleich mehrere blauäugige Wuschel sein Eigen nennt. Die Katzen wird es freuen, denn kein Mensch kann einen Artgenossen ersetzen, der einem zärtlich die behaarten Öhrchen leckt oder eng an einen gekuschelt im Körbchen liegt. Ihre unkomplizierte Art macht Heilige Birmas übrigens zur idealen Rasse für Familien mit Kindern und ältere Menschen. Ruhig und anpassungsfähig integrieren sich die halblanghaarigen Samtpfoten problemlos in jeden Lebensstil. Hauptsache, sie sind immer mit dabei und dürfen am täglichen Leben teilhaben.

So sieht sie aus

TYP mittelgroß, kräftig

KOPF weder zu rund noch zu spitz, nicht perserartig

AUGEN mandelförmig, leicht schräg gestellt, blau

KÖRPER mittelschwer, leicht gestreckt

SCHWANZ mittellang, lang behaart, fedrig

FELL halblang, seidige Textur, mäßige Unterwolle

FARBE Seal, Blue, Chocolate, Lilac, Red, Creme;
Muster: Point, Tortie Point, Tabby Point, Tortie Tabby Point. Die Fellfärbung gleicht der der Siampoint-Katzen, Heilige Birmas haben aber auch immer vier weiße Handschuhe.

POINTS Gesicht, Ohren, Schwanz und Beine sind dunkel gefärbt, im deutlichen Kontrast zur Körperfarbe.

Das Blau ihrer Augen gleicht einem Bergsee.

SIBIRER

Waldkatzenrassen haben in den letzten Jahren einen enormen Boom erlebt. Auch die „Sibirska Koschka" gehört zu den Waldkatzen, ist allerdings weniger bekannt als die Maine Coon und die Norwegische Waldkatze. Dabei ist die Sibirer in ihrer Heimat, Russland und der Ukraine, seit vielen Jahrhunderten bekannt. Im Land der Zaren schätzte man die umtriebigen Samtpfoten seit jeher als eifrige Mäusefänger und hielt sie eher als Hauskatzen denn als Rasseschönheiten. Die mittelgroßen bis großen Vierbeiner erweisen sich nicht nur als überaus gewitzt und einfallsreich, sie nehmen ihren Menschen auch so schnell nichts krumm. Wenn sie die Möglichkeit haben, sich von Zeit zu Zeit zurückzuziehen und ihre Mahlzeiten ungestört einzunehmen, fühlen sich Sibirer selbst in turbulenteren Haushalten wohl. Sie arrangieren sich mit Kindern, Hunden, Kaninchen und Meerschweinchen. Wenn es um typische Eigenschaften der Rasse geht, sollten diese in folgender Reihenfolge genannt werden: temperamentvoll, verfressen, geschwätzig.

HERKUNFT

Zum Ursprung der anschmiegsamen Schönheit: Die Sibirer ist ein typisches Beispiel für die anpassungsfähige Tierwelt Russlands und der Ukraine. Die wunderschöne Halblanghaar-Katze verfügt über ein dichtes, wasserabweisendes Fell, das ihren Körper effektiv vor Kälte und Nässe schützt. Außerdem zeichnet sich die ursprüngliche Rasse durch eine robuste Gesundheit aus. Die „Sibirska Koschka" ist das Produkt einer vermutlich Jahrhunderte währenden natürlichen Selektion.

ERSTE HINWEISE

Die ersten Spuren, die auf die Sibirer hinweisen, sind literarischer Art: In der April-Ausgabe der „Illustrierten Zeitung" aus dem Jahr 1895 ist ein Bericht abgedruckt, in dem ein aus dem sibirischen Raum stammendes, blaugraues Katzenpärchen beschrieben wird, das im Dresdner Zoo ausgestellt wurde. Auch in „Brehms Tierleben" aus dem Jahr 1925 findet sich ein Hinweis, der eventuell auf die Existenz der „Sibirska Koschka" deutet: Brehm beschreibt eine Kaukasisch-Kumanische Katze und eine rote

SIBIRER versprühen echtes Wildkatzen-Flair.

Tobolsker-Katze aus Sibirien. Wann die ersten Sibirer nach Europa gelangten, ist umstritten. Angeblich gelangten die ersten Sibirer bereits gegen Ende des 19. Jahrhunderts in den Westen. Damals wurden sie allerdings noch nicht als Sibirer, sondern als Russische Langhaar-Katzen bezeichnet. In Großbritannien wurden angeblich sogar einige Exemplare der bislang unbekannten Rasse ausgestellt. Allem Anschein nach erfolgten Verpaarungen mit Angora-Katzen und Persern, was dazu führte, dass der charakteristische Phänotyp der Sibirer dem Untergang geweiht war. Die wachsende Beliebtheit der Perser trug dazu bei, dass die vierbeinigen Schönheiten aus Russland und der Ukraine zu Beginn des 20. Jahrhunderts wieder in Vergessenheit gerieten.

AUS RUSSLAND MITGEBRACHT

Die ehemalige DDR scheint übrigens eine interessante Rolle gespielt zu haben: Halblanghaar-Katzen waren dort ausgesprochen selten. Folglich ist es leicht nachzuvollziehen, dass die sibirischen

---

So sieht sie aus

TYP mittelgroß, groß

KOPF kurz, breit, gerundete Konturen

AUGEN groß, leicht oval, leicht schräg

KÖRPER muskulös, schwer; muskulöse, mittellange Beine; große, runde Pfoten, Haarbüschel zwischen den Zehen

SCHWANZ buschig behaart

FELL mittellang; weiche Unterwolle; grobes, glänzendes Deckhaar an Rücken, Flanken und Schwanzoberseite; locker fallend; wasserabweisend; nur Unterwolle an Körperunterseite und Rückseite der Hinterbeine; lang an Hals, Brust, Hosen und Schwanz

FARBE Alle Farben sind erlaubt, inklusive aller Farben mit Weiß. Ausgenommen sind Pointed Abzeichen, Chocolate, Lilac, Cinnamon und Fawn.

Die Verführung aus dem kalten Osten

UNABHÄNGIG und selbstbewusst sind Sibirer.

Halblanghaar-Schönheiten bei deutschen Arbeitern, die sich in Sibirien aufhielten, auf Interesse stießen. Sie nahmen einige Tiere mit in ihre Heimat, weil der Import aus Russland im Gegensatz zu Importen aus dem Westen offiziell möglich war. Der „Verband der Kleingärtner, Siedler und Kleintierzüchter" (VKSK) erkannte die Sibirer 1987 als Rasse an und legte einen vorläufigen Rassestandard nieder. Nach der Wiedervereinigung wurde dieser zu großen Teilen von den westlichen Katzenverbänden übernommen.

NEVA MASQUERADE

Ihre leicht schräg gestellten blauen Augen sind an Expressivität kaum zu übertreffen und ihr glänzendes, halblanges Fell lädt zum Streicheln ein. Die „Newskaja Maskaradnaja", die vielen auch unter dem wunderschönen Namen Neva Masquerade bekannt sein dürfte, gehört sicherlich mit zu den attraktivsten Katzenrassen überhaupt und lässt aufgrund ihrer atemberaubenden Schönheit kaum einen Betrachter unberührt. Dass sie nebst liebenswertem Wesen und schier endloser Anschmiegsamkeit eine weitere Eigenart pflegt, die ohne Übertreibung als hemmungslos bezeichnet werden darf, ist auf den ersten Blick überhaupt nicht erkennbar: Nevas sind vierbeinige Gourmands, die nur schwerlich an einem verführerischen Leckerbissen vorbeischlendern können, ohne ihn sich gleich genüsslich schmatzend einzuverleiben.

DIE KATZE VOM FLUSS

Wo kommen sie eigentlich her, die blauäugigen Schönen mit dem sanften Wesen? Wie bei so vielen anderen Katzenrassen auch tobt seit Jahren ein internationales Hickhack, bei dem die sachliche Ebene oftmals auf der Strecke bleibt. Angeblich gibt es Dokumentationen, die belegen, dass Waldkatzen mit einer Maskenzeichnung schon vor Jahrzehnten in der Gegend rund um den russischen Newa-Fluss beobachtet wurden. Daher stamme letztendlich auch der Name der Rasse. Andererseits werden immer wieder Vermutungen laut, die Neva Masquerade sei keine eigenständige Rasse, sondern ein Konglomerat verschiedener Katzentypen. Auch scheint es nachvollziehbar, dass Nevas aus Verpaarungen von Sibirern und Thai-Katzen entstanden. Zumindest wären Fremdeinkreuzungen nicht gerade unwahrscheinlich, zumal zahlreiche Farbschläge diverser Katzenrassen Rassekreuzungen zu verdanken sind.

LÄNGST ANERKANNT

In Russland scheint man sich über die Herkunft der Neva Masquerade nicht die Köpfe heißzureden. Die Rasse ist seit vielen Jahren anerkannt und es gibt in St. Petersburg sogar einen Verein, der detaillierte Zuchtbücher führt und sich ausschließlich der Zucht der blauäugigen Waldkatzen widmet. Die russischen Zuchtprogramme umfassen auch Verpaarungen zwischen Nevas und Sibirern.

ZAUBERHAFT Wer könnte ihr widerstehen?

NEVAS gehören zu den Maskenkatzen.

und dunkeln somit stärker ein. Strahlend blaue Augen, die laut Standard auch etwas heller, dafür aber einheitlich sein sollen – ein kräftiges Blau wird dennoch bevorzugt – gehören untrennbar zur Maskenkatze. Die Neva Masquerade ist – genau wie die Ragdoll – in den Pattern (Varietäten) Colourpoint, Mitted und Bicolour vertreten. Allerdings ist sie in weitaus vielfältigeren Farbschlägen zu bewundern.

Angesichts des begrenzten Genpools erscheint dieses Vorgehen nicht unklug und wird auch in Deutschland von einigen Züchtern unterstützt, dennoch lehnen viele Neva-Züchter Sibirer-Neva-Verpaarungen rigoros ab.

UNTERSCHIEDLICHE FARBVARIETÄTEN

Sibirer und Neva Masquerades unterscheiden sich lediglich hinsichtlich der Farbvarietät. Nevas zeigen einen Maskenfaktor und sind somit eine Farbvariante der Sibirer. Falls Sie aufgrund des angeborenen Teilalbinismus nun eine erhöhte Anfälligkeit für Krankheiten vermuten sollten, dürfen Sie aufatmen: Es gibt keinen Hinweis darauf, dass Nevas weniger widerstandsfähig sind als andere Waldkatzenrassen. Mit allen anderen Maskenkatzen teilen sie sich die Eigenschaft, weiß geboren zu werden und Zeichnung sowie Farbe erst während der ersten Lebenswochen zu entwickeln. Hierbei zeigt sich die Temperaturabhängigkeit des Pointgens. Die Extremitäten der Katze (Schwanz, Beine, Ohren, Pfoten, Gesicht) sind etwas kühler als der restliche Körper

So sieht sie aus

TYP mittelgroß, kräftig

KOPF kurzes, stumpfes Dreieck; gewölbte Stirn, breiter Nasenrücken; kräftige, massive Wangen, ausgeprägtes Kinn

AUGEN groß, leicht oval, blau

KÖRPER mäßig lang gestreckt, kurzer, kräftiger Nacken; nicht zu hohe, kräftige Beine; große, runde, kräftige Pfoten; Haarbüschel zwischen den Zehen

SCHWANZ breit, kräftig am Ansatz

FELL lang an Hals, Brust, Hosen und Schwanz; im Nacken- und Schulterbereich kurz; am Rücken dicht, fest, glänzend; an den Körperseiten fein, weich, dicht behaart

FARBEN Point-Varietäten: Seal, Blue, Red, Creme, Seal-Blue, Tortie, Smoke, Tabby und/oder Silver/Golden. Alle genannten Colourpoint Varietäten sind auch mit Weiß erlaubt. Ausgenommen sind Chocolate, Lilac, Cinnamon und Fawn.

Seit 1. Januar 2011 vollständig anerkannt

TÜRKISCH ANGORA

Wenn eine sitzende Türkisch Angora ihren buschigen Schwanz mit einer schwungvollen Bewegung um die Vorderbeine schlingt und dann ein Pfötchen hebt, glaubt man sich einer lebenden Katzenskulptur gegenüber. So viel Eleganz kann nur von Künstlerhand geschaffen sein. Man munkelt, Türkisch Angora-Katzen seien die älteste Katzenrasse der Welt, und manch einer sieht in ihr den Ursprung aller halblanghaarigen Mäusefänger. Solch eine Theorie beflügelt zwar die Sinne, ist aber leider nur schwer zu beweisen.

TÜRKEN HOCH ZUR SEE

Wir befinden uns im 16. Jahrhundert. Französische und englische Händler kehren auf Schiffen zurück in die Heimat und führen bezaubernde kleine, weiße Wesen mit sich, die sie auf Streifzügen durch Kleinasien aufgespürt haben. Die edlen Katzen sind ein ideales Mitbringsel für die lieben Daheimgebliebenen und sollen sich sogar als noch viel mehr ent-

TÜRKISCH ANGORAS gelten als die älteste Rasse.

puppen: Der Adel begeistert sich für die orientalischen Hausgenossen und schmückt sich von nun an gern mit den exklusiven Samtpfoten. Zahlreiche Gemälde stellen europäische Machthaber dar, denen weiße, türkische Katzen als Luxusgeschenke überreicht wurden. Waren die schnurrenden Türken in der ersten Zeit nur den reichsten Europäern vorbehalten, sollten sie im Laufe der nächsten Jahrhunderte auch die Herzen des Bürgertums im Sturm erobern. Gegen Ende des 19. Jahrhunderts traf man die halblanghaarigen Grazien auch in den Häusern der bürgerlichen Schicht an, die sich außerdem für andere langhaarige Rassen aus dem asiatischen und russischen Raum interessierte. Vermutlich kam es schon damals zu exzessiven Verpaarungen zwischen einzelnen Rassen und irgendwie muss dabei auch die Perserzucht entstanden sein, deren Vertreter man damals noch nicht Perser, sondern Angora nannte. Eine Anekdote am Rande: Mustafa Kemal Pascha, den meisten vermutlich eher unter dem Namen „Atatürk" bekannt, soll der Legende nach eines Tages als Türkisch Angora-Katze wiedergeboren werden. Also schauen Sie genau in der Wurfkiste nach, bevor Sie den Gründer der Republik an einen Kätzchenkäufer verscherbeln.

AB IN DEN ZOO

Zu Beginn der 1960er Jahre begann auch im Heimatland der Rasse großes Bangen. Der Bestand an reinrassigen Türkisch Angoras war auf ein bedrohliches Mini-

MYSTISCH zwei verschieden farbige Augen.

Die schlanken Beine und zierlichen Pfoten ließen so manchen europäischen Züchter neidvoll murren und auch die sanft keilförmigen Köpfe mit den großen Ohren sorgten für genaueres Hinsehen. Inzwischen können sich auch die europäischen Angoras sehen lassen und auf eine treue Anhängerschaft blicken, die auch bürstenscheue Katzenfreunde umfasst: Das Fell der Türkisch Angora ist nicht nur traumhaft schön, sondern auch noch ausgesprochen pflegeleicht. Das mittellange Haarkleid, das im Sommer kürzer als im Winter ist, hat keine Unterwolle, die ansonsten gern zum Verfilzen neigt.

mum geschrumpft und die wunderschöne alte Rasse drohte tatsächlich auszusterben. Man versuchte, der absehbaren Entwicklung entgegenzuwirken, indem man einige Exemplare in die Zoos von Ankara und Istanbul aufnahm, um sie zukünftig für gezielte Zuchtprogramme einzusetzen. Gemeinsam mit den USA, in die einige wertvolle Katzen exportiert wurden, gelang es, die liebenswerte Rasse kurz vor dem Untergang zu retten. Noch heute kann man im Zoo von Ankara einige Türkisch Angora-Katzen bewundern.

TÜRKISCH IST NICHT GLEICH AMERIKANISCH

Zwischen Türkisch Angora-Katzen aus dem Heimatland und Züchtungen aus den USA besteht übrigens ein gravierender Unterschied, der hier nur kurz umrissen werden soll. Die Amerikaner warteten bereits zu Beginn der 1990er Jahre mit Vollstammbäumen sowie ausgesprochen eleganten und hochbeinigen Angoras auf.

So sieht sie aus

TYP mittelgroß

KOPF klein bis mittelgroß, keilförmig

AUGEN groß, mandelförmig, leicht schräg nach oben gestellt

KÖRPER feiner Knochenbau, hinten etwas höher als vorne

SCHWANZ lang und spitz zulaufend, breit am Ansatz, schmal am Ende, gut behaart

FELL mittellang am Körper, an der Halskrause lang, feines Haar mit seidigem Glanz, keine Unterwolle

FARBE Alle Farben sind erlaubt, inklusive aller Varietäten mit Weiß; mit Ausnahme von Abzeichen des Burma-Faktors, der Farben Chocolate, Lilac, Cinnamon und Fawn.

Aparte Schmuser mit seidigem Fell

43

KURZES FELL
Jede Menge Charme

SIE SIND PFLEGELEICHT UND HABEN AUSSER DER KURZEN
HAARPRACHT NOCH VIELE WEITERE GEMEINSAMKEITEN.
KURZHAARKATZEN SIND EINFACH GUT DRAUF. DAS GILT
AUCH FÜR DIE MIT SPÄRLICHEM HAARWUCHS ODER SOGAR
GAR KEINEM FELL AUSGESTATTETEN RASSEVERTRETER.

Kurzhaar-Katzen &
SOMALI

Kurzhaar-Katzen und Somali? Die Kategorie III der FIFe wirkt auf den ersten Blick verwirrend. Schließlich sind Somalis doch die halblanghaarigen Verwandten der Abessinier. Hierbei handelt es sich um eine FIFe-spezifische Entscheidung. Der Weltdachverband betont mit dieser Entscheidung die Verwandtschaft der halblanghaarigen Somali mit den kurzhaarigen Abessiniern. In unabhängigen Vereinen werden Somalis fast ausschließlich innerhalb der Semilanghaar-Gruppe gewertet.

EXOTISCH, EXOTISCH

Somalis sind neben der Fraktion Kurilisch Bobtail die einzigen Katzen, die innerhalb der Kategorie III bezüglich der Felllänge eine Sonderstellung einnehmen. Alle anderen haben zumindest kurzes Fell, wenn auch nicht alle dieselbe Schwanzlänge. Zu den Kurzhaarrassen gehören nicht nur Klassiker wie Britisch Kurzhaar-Katzen, Abessinier, Russisch Blau und Burmesen, sondern auch mehr oder weniger schwanzlose Gesellen wie die Kurilisch Bobtail Kurzhaar, die Kurilisch Bobtail Langhaar, Manx-Katzen und Japanese Bobtails. Und es ist noch ein Ausreißer zu entdecken, der so gar nicht in die Kategorie Kurzhaar-Katzen passen will: die geheimnisvolle Sphynx. Dieses zarte Wesen hat gar kein Fell – höchstens einen kurzen, weichen Flaum und dafür jede Menge Falten. Ihr Liebhaberkreis ist

klein. Wer jedoch das Vergnügen hatte, eine Sphynx persönlich kennenzulernen und zu streicheln, wird erstaunt sein, wie charmant und liebenswert die kleinen Nackedeis sind.

Wenn wir schon beim Thema Fellvarietäten sind: Auch die Rexkatzen-Gruppe, die mit Cornish Rex, German Rex und Devon Rex vertreten ist, fällt aus dem Rahmen. Hier sind es Wellen und Löckchen, die Kenner der Exoten in Verzückung versetzen. „E.T.s zum Schmusen", schwärmen Liebhaber der anhänglichen Rassen, die mit ihrem ungewöhnlichen Aussehen Abwechslung in den Katzenalltag bringen. Kategorie III ist somit die größte und vielfältigste der vier FIFe-Einteilungen und für jede Menge Überraschungen gut.

SOMALI An ihr ist etwas mehr Fell dran.

BRITISCH KURZHAAR Die Nummer Eins der „Kurzen".

RÄTSELHAFT die Russisch Blau

DIE KENNT JEDER

Zu den Spitzenreitern der beliebtesten Katzen gehören ohne Frage die Britisch Kurzhaar-Katzen, wobei die blauen Varianten gleichzeitig auch noch den europäischen Kartäuser-Markt abdecken. Die echten Kartäuser sind angeblich die Chartreux, aber die sind so selten, dass kaum ein Kartäuser-Interessent je eine zu Gesicht bekommt. Burmesen verzeichnen genau wie Bengalen und Abessinier einen ständigen Zuwachs an glühenden Verehrern, und auch Ocicats und Russisch Blau sind in Deutschland durchaus zu finden. Dennoch sind sie bei Weitem nicht so populär wie die kurzhaarigen Briten.

RARITÄTEN

So verbreitet Britisch Kurzhaar-Katzen sind, so selten sind andere Vertreter der Kategorie III. Burmillas, Sokoke-Katzen und Snowshoe-Katzen mögen bei flüchtigem Hinsehen nichts gemein haben, und dennoch teilen sie ein Attribut: Sie sind in Deutschland absolut selten.
Rexe und Nacktkatzen sind und bleiben Stubentiger für extravagante Menschen, die einer normalen Hauskatze wenig abgewinnen können. Und wo wir gerade beim Thema sind: Die Zucht der Europäisch Kurzhaar-Katze ist praktisch zum Erliegen gekommen. Eine nicht zu unterschätzende Gefahr für die gute alte Hauskatze. Während die schönsten – oft dem EKH-Standard entsprechenden – Exemplare meistens als Familienkatzen gehalten und kastriert werden, vermehren sich die weniger harmonisch gebauten Hauskatzen, die leider oft niemand haben will, relativ unkontrolliert. Wenn nichts für den Fortbestand typvoller Europäer getan wird, steht es schlecht um ihre Zukunft. Das wäre schade, denn sie liegen weit vorne, wenn es um Gesundheit, Langlebigkeit und ein umkompliziertes Wesen geht.

ABESSINIER

Ein Ticking ist das unverwechselbare Markenzeichen einer Abessinier-Katze. Streng genommen als Ticked-Tabby bezeichnet, kennzeichnet Ticking die Bänderung des einzelnen Haares und wird offiziell zu den Zeichnungsmustern gezählt. Dass eigentlich keine Zeichnung vorliegt, scheint sekundär, auch wenn die anderen Tabby-Katzen brav getigert, gestromt oder getupft daherkommen. Nicht so die Abessinier und ihre Agouti-Verwandten Singapura, Somali und Ceylon. Bei allen vier Rassen ist das getickte Kleidchen züchterisch zwingend. Bei den klassischen Ticked-Tabby-Vertretern darf hingegen lediglich die Farbe, nicht aber die Melanin-Bänderung des Agouti-Haares variieren. Man nimmt an, dass das Zeichnungsmuster Ticked-Tabby zuerst bei Abessiniern aufgetreten ist.

DAS FELL der Abessinier zeigt das typische Ticking.

Oder sollte vielleicht die von den alten Ägyptern zutiefst verehrte Falbkatze gar eine Rolle gespielt haben?
Den Begriff Ticking hörte man in Deutschland zuerst aus Kaninchenzüchter-Kreisen. Katzenfreunde wurden erstmals in Zusammenhang mit Chinchilla- und Silver-Shaded-Katzen darauf aufmerksam. Optik und Vererbung der Farben der Haarspitzen variierten jedoch deutlich vom Ticking der Abessinier. Die Spitzenfärbung, Tipping genannt, ist eben kein Zeichnungsmuster, Ticking hingegen schon. Obwohl außer Frage steht, dass die Grundlage der Abessinier-Zucht in England verwurzelt ist, stellt sich nach wie vor die Frage, woher die ersten Katzen mit einem Ticking kamen. Immer wieder wird behauptet, die Vorfahren der „Aby" seien nordafrikanische Katzen gewesen, die im 19. Jahrhundert nach England importiert wurden, und dabei wird stets die Verbindung zu Ägypten betont.

WILDFÄRBUNG

Der Begriff Agouti-Gen steht übrigens für „Wildfärbung" und ist sowohl bei Wildtieren wie Reh und Fuchs als auch bei Meerschweinchen und Hase hinlänglich bekannt. Ein Ticking kann nur in Verbindung mit dem Agouti-Gen sichtbar werden. Agouti steht hierbei zwar im Hintergrund, weil das Zeichnungsmuster in den Vordergrund rückt, vorhanden ist es aber trotzdem. Hinter einem Ticking können sich jedoch drei unterschiedliche Muster verbergen, was an mischerbigen

Stubentigern nur allzu deutlich wird. Ticking vererbt sich stark und überdeckt Zeichnungsmuster. Dennoch sind viele Generationen reinen Tickings erforderlich, um das Erbe der Streifen endgültig der Vergangenheit angehören zu lassen.

GEBALLTE ENERGIE

Der wildkatzenhafte Look der getickten Schönheit ist nicht ganz irreführend. Abessinier sind ausgesprochen freiheitsliebend und selbstbewusst. Sie sind überaus aktiv, laufen, rennen und springen schier unermüdlich umher. Man sollte ihnen ausreichend Klettermöglichkeiten zur Verfügung stellen, ansonsten suchen sie nach Alternativen, die den Katzenbesitzer nicht immer fröhlich stimmen. Schließlich eignen sich auch Gardinen, Wohnzimmerschränke, Ledergarnituren und Stehlampen dazu, der Kletterwut freien Lauf zu lassen.

Was die Abessinier vom Wesen einer Wildkatze unterscheidet, ist, dass sie die

So sieht sie aus

TYP mittelgroß

KOPF keilförmig, breite Stirn, anmutig

AUGEN groß, mandelförmig, gut auseinanderstehend; leuchtende Farbe: bernsteinfarben, grün oder gelb, rein, klar und intensiv in der Farbe des Tickings umrandet

KÖRPER mittellang, fest, geschmeidig, griffig, muskulös

SCHWANZ lang, spitz zulaufend, stark am Ansatz

FELL kurz, fein, eng anliegend

FARBE Ruddy, Blue, Sorrel, Beige Fawn, Black Silver, Blue Silver, Sorrel Silver, Beige Fawn Silver.

Klug, pfiffig und immer auf Achse

WILD! Der wildkatzenhafte Look gehört dazu.

menschliche Anwesenheit genießt und am liebsten im Mittelpunkt steht. Die stürmischen Stubentiger sind nicht gern allein und lieben es, Gesellschaft zu haben. Ihr Sozialverhalten ist so stark ausgeprägt, dass sie sich in der Regel auch problemlos in einen bereits etablierten Katzenbestand oder in einen Hunde-Haushalt integrieren lassen. Allerdings muss man damit rechnen, dass sie versuchen, auf charmante Art und Weise die Chefposition zu ergattern. Vorsicht – auch Zweibeiner werden gern voller Diplomatie manipuliert, und ehe man es sich versieht, regiert eine Katze im Haus.

BENGALEN

„Curiosity killed the cat!" lautet ein Sprichwort, das hoffentlich nicht auf Bengalen zutrifft. Die extravaganten Schönheiten sind von Natur aus extrem neugierig und stecken ihr hübsches Näschen in Angelegenheiten, die sie nichts angehen. Zum Glück wird das Ganze durch eine gehörige Portion Intelligenz und Charakterstärke ausgeglichen. Die einst auch als Leopardette bezeichneten Vierbeiner spüren instinktiv, wenn eine Situation zu brenzlig wird. Droht Gefahr, treten sie schleunigst den Rückzug an, auch wenn die Neugierde noch so groß ist. Der Name Leopardette stammt übrigens noch aus den Anfängen der relativ jungen Rasse. Die Zielsetzungen der Züchter klafften hinsichtlich des Phänotyps auseinander: Während die einen Leoparden und Ozelots zum äußerlichen Vorbild machten, träumten andere bereits von einem dem Menschen zugetanen Abbild der wilden Felis bengalis, das sich schließlich durchsetzen sollte. Abgesehen von Erkundungstouren, die die Neugierde befriedigen, gehören Schmusen und Kuscheln zu den Lieblingsbeschäftigungen der klugen Samtpfoten. Allerdings kommen nicht alle Bengalen-Besitzer in diesen Genuss. Tiere aus wenig menschenbezogener Aufzucht geizen mit ihren Reizen. Eine nicht artgerechte Aufzucht bedingt ausgeprägte Aggressivität, starkes Angstverhalten und eine Reihe anderer Verhaltensweisen, die nicht gerade zu den erwünschten Qualitäten eines angenehmen Haustieres gehören. Umso skandalöser ist es, dass manche Zeitgenossen nicht einmal vor dem illegalen Import einer Felis bengalis zurückschrecken.

DSCHUNGELFIEBER! Bengalen verwandeln das Wohnzimmer in einen wilden Abenteuer-Spielplatz.

SO ENTSTAND DIE RASSE

Als Jean Mill, eine Pionierin der Bengalzucht, 1963 mit dem ersten Zuchtprogramm der USA begann, wurde eine genaue Zielsetzung verfolgt. Die promovierte Genetikerin erwarb eine weibliche Felis bengalis, die damals noch frei verkäuflich war, und verpaarte sie mit ihrem schwarzen Hauskater. Diese Verpaarung gilt offiziell als die erste geplante Kreuzung zwischen Wildkatze und Hauskatze. Später begann Jean Mill Egyptian Maus, Abessinier, getupfte Oriental Shorthairs und American Shorthairs mit „Leoparden-Katzen" zu kreuzen und träumte noch immer davon, eine anhängliche und verschmuste Katze im Wildlook zu erschaffen. Die Verpaarung von Wild- und Hauskatze ging nicht problemlos vonstatten. Zwar verfügen Felis bengalis und Hauskatze über jeweils 38 Chromosomen, dennoch befinden sich die Wildkatzen-Chromosomen nach einer Verpaarung in einer artfremden Umgebung. Dies hat zur Folge, dass die ersten Hybriden aus der F1-Generation (Felis bengalis X Hauskatze) nicht domestizierbar und außerdem steril sind.

LUST AUF TUPFEN

Die Züchter suchten nach Ausweichrassen und richteten ihr Augenmerk auf die Egyptian Mau. Der Körperbau und die Tüpfelung des Fells kamen den Wünschen der Bengal-Züchter entgegen. Das Gleiche galt für die robuste Gesundheit und die Widerstandskraft der Egyptian Mau, um die es bei der Bengal-Zucht zeitweilig nicht optimal bestellt war. Heute ist die Rasse so weit gefestigt, dass man weitgehend auf Einkreuzungen verzichten kann.

So sieht sie aus

TYP eine geschmeidige, muskulöse Katze mit wildkatzenartiger Ausstrahlung

KOPF breit, keilförmig, runde Konturen

AUGEN groß, oval, leicht mandelförmig

KÖRPER lang, kräftig, mittelgroß, robust, niemals zierlich, sehr muskulös

SCHWANZ dick, spitz zulaufend, abgerundete Spitze, mittellang

FELL kurz bis mittel, dichte, üppige und ungewöhnlich weiche Textur

FARBE Ruddy, Blue, Sorrel, Beige Fawn, Black Silver, Blue Silver, Sorrel Silver, Beige Fawn Silver.

Dschungel-Flair fürs Wohnzimmer

URSPRÜNGLICH UND WILD

Bengalen sehen wild und ursprünglich aus. Imposante Muskeln zeichnen sich am mittellangen, geschmeidigen Körper ab. Obwohl die Rasse außerordentlich elegant daherkommt, sorgt der robuste Knochenbau dafür, dass kein zierlicher Eindruck entsteht. Optisch sind nach wie vor oft Ähnlichkeiten mit dem kleinen afrikanischen Leoparden und dem Ozelot zu erkennen. Das Wesen der Bengalen-Katze unterscheidet sich jedoch deutlich von dem der wilden Verwandten. Zum Glück, ansonsten hätte die Rasse vermutlich niemals eine Karriere als Haustier eingeschlagen. Dennoch gibt es recht unabhängige Rassevertreter.

BRITISCH KURZHAAR

Das niedliche, püppchenhafte Gesicht mit den endlos großen, ausdrucksvollen Augen hat sicherlich entschieden dazu beigetragen, dass Britisch Kurzhaar-Katzen – kurz BKH genannt – zurzeit eine regelrechte Blütezeit erleben. Dies gilt natürlich nicht nur für die wunderschöne blaue Variante, die vielen auch unter dem Namen Kartäuser bekannt ist, sondern für die gesamte kunterbunte Farbenvielfalt der abwechslungsreichen Britisch Kurzhaar-Zucht. Die zahlreichen Freunde der opulenten Rasse schmelzen schier dahin, wenn die herzigen Bärchen auf

MIT SILBER ÜBERZOGEN Eine Britin in zauberhaftem Blue Silver Shaded. Diese Farbe ist sehr begehrt.

KLEINES GOLDSTÜCKCHEN Eine Britisch Kurzhaar in Black Golden Tabby Ticked.

ihren großen, tapsigen Pfoten daherkommen und ihren mächtigen Körper sanft an verzückt ausgestreckten Händen reiben. Hektische Bewegungen oder gar psychischer Stress liegen den hemmungslosen Schmusern offensichtlich völlig fern. Dennoch darf man den hübschen britischen Wuchtbrummen keinesfalls Faulheit oder gar Lethargie unterstellen: Denn auch sie können so richtig in Rage geraten, und wenn sie es tun, gibt es tatsächlich kein Halten mehr. Der Ursprung der possierlichen und überaus selbstbewussten Schmusetiger ist im verregneten Großbritannien zu suchen. An der Themse herzte und liebkoste man die kompakt gebauten, kurzhaarigen Mäusefänger bereits zu Beginn des 20. Jahrhunderts, und heute ist ihr Bann nach wie vor ungebrochen. Bereits 1871 wurde eine Britisch Kurzhaar-Diva im berühmten Londoner Crystal Palace mit Ehren überhäuft. Wen verwundert es, dass die BKH-Euphorie schließlich über den Ärmelkanal schwappte? Auch deutsche und holländische Katzenliebhaber erlagen im Laufe des 20. Jahrhunderts der liebenswerten Rasse und widmeten sich voller Elan einer erfolgreichen Zucht.

KUNTERBUNTE FARBVIELFALT

Die ersten, gezielt gezüchteten britischen Plüschbärchen zierte übrigens ein gestreiftes Haarkleid. Es folgten Einkreuzungen kunterbunter Hauskatzen und auch russische Schönheiten und elegante Siamesen sollen zur spektakulären Erweiterung der bislang recht eintönigen Farbpalette beigetragen haben. Die hübschen Angora-Katzen führten in England bezüglich des Outcross-Programms allerdings eher ein Stiefkind-Dasein, was für Kenner der attraktiven Rasse heute nur schwer nachzuvollziehen ist. Weiß und Rot-Creme zählten zu den ersten Ergebnissen der züchterischen Experimentierfreude, wobei die neuen Farben sogleich in allen erdenklichen Variationen für Furore sorgten und gestromte Ausprägungen besonders euphorisch gefeiert wurden.

DAS ERBE DER PERSER

Auch voluminöse, mit üppiger Haar-pracht ausgestattete Perser leisteten einen aktiven Beitrag, als es um die Etablierung der Britisch Kurzhaar-Zucht ging. Die englischen Züchter freuten sich über eine, dank Perser-Genen deutlich verbesserte Fellqualität und nahmen im Gegenzug einen bis heute währenden Kampf gegen das unerwünschte Langhaar-Gen und teilweise dramatische Verschlechterungen des Typs in Kauf. Manchmal ist auch die Augenfarbe britischer BKHs nicht ganz so, wie sie sein sollte, und das könnte letztendlich ebenfalls dem Erbe der Per-ser-Einkreuzungen zuzuschreiben sein. Viele Züchter versuchen inzwischen übri-gens, Perser aus der Britisch Kurzhaar-Zucht weitgehend auszuschließen, um den exzellenten Typ und die expressive Augenfarbe nicht erneut zu gefährden. Das geht wiederum zulasten der Fellqua-lität. Umso größer ist die Herausforde-rung an die engagierte Züchterschaft und auch der Applaus, wenn die hohen Ziel-setzungen tatsächlich Realität werden.

FARBE UND CHARAKTER

Kenner der Rasse versichern, dass cha-rakterliche Eigenarten von der Fellfarbe des schnurrenden Hausgenossen abhän-gen, und verraten diesbezüglich ein in etwa folgendes Schema: Blaue Briten scheinen trotz ihrer bestechend schönen Fellfarbe über den allergrößten Dick-schädel der gesamten Rasse zu verfügen, wogegen tabbyfarbene Schmusebären ausgesprochen viel Einfallsreichtum, Temperament und eine schier unermüd-liche Unternehmungslust versprühen. Den silbernen Varietäten wird eine außer-gewöhnliche Sensibilität nachgesagt. Schildpattfarbenen Schönheiten eilt der Ruf voraus, besonders eigensinnig zu sein.

KLEINE WERBESTARS Black Silver Tabby Classic ist seit Jahren eine Modefarbe bei den Briten.

BRITEN sind stets zum Spielen aufgelegt.

JAGDLUSTIG Und auf die Jagd geht es auch!

WORAUF SIE ACHTEN SOLLTEN

Britisch Kurzhaar-Katzen gehören neben Maine Coons und Norwegischen Waldkatzen zu den am stärksten vertretenen Rassen auf Ausstellungen. Und sie teilen sich noch ein Phänomen mit den Semilanghaar-Rassen: Die Nachfrage hat für ein ebenso großes Angebot gesorgt, das nicht immer den Ansprüchen des Standards genügt. Wenn eine Britisch Kurzhaar auf Ausstellungen erfolgreich sein soll, sollte bei der Auswahl der Katze auf einige wichtige Kriterien geachtet werden: Die Größe der Briten ist nun mal ihr Aushängeschild. Während mittelgroße Rassevertreter vor den Augen der Zuchtrichter noch bestehen, haben kleine Katzen keine Chance. Der Kopf sollte ebenso imposant wie der Körper sein, kommt er dreieckig statt rund daher und lässt eine massive Optik vermissen, kann von typvoll keine Rede sein. Das gilt auch für Briten mit einem Stopp, wie man ihn von der Exotic Shorthair kennt, bei der er erwünscht ist. Maximal eine leichte Einbuchtung darf das Profil der Schmusebären von der Themse zieren. Lange, staksige Beine widersprechen dem Standard und würden auch überhaupt nicht zum ansonsten so runden und massiven Erscheinungsbild passen. Klar, dass auch die Pfoten schön rund und kräftig sein sollten, um das passende Pendant zu den vor Kraft strotzenden Beinen zu bilden.

Der Plüscheffekt der Briten ist vor allem dem niemals flach anliegenden Fell zu verdanken. Um ihn zu betonen, bedarf es eines kurzen Haarkleids mit griffiger Textur und großzügiger Unterwolle.

So sieht sie aus

TYP rundliche Formen, püppchenhafter Ausdruck

KOPF rund, massiv, breiter Schädel

AUGEN groß, rund, weit geöffnet, weit auseinandergesetzt

KÖRPER muskulös, gedrungen, breite Brust und Schultern

SCHWANZ kurz und dick

FELL kurz, dicht, nicht flach anliegend, gute Unterwolle, fest im Griff

FARBE White, Black, Blue, Chocolate, Lilac, Red, Creme, Black Tortie, Blue Tortie, Chocolate Tortie, Lilac Tortie, Smoke, Silver Shaded/Shell, Golden Shaded/Shell, Tabby, Silver Tabby, Golden Tabby, Van, Harlekin, Bicolour, Van Smoke, Harlekin Smoke, Bicolour Smoke, Van Tabby, Harlekin Tabby, Bicolour Tabby, Van Silver Tabby, Harlekin Silver Tabby, Bicolour Silver Tabby, Colourpoint, Tabby Point

Die Püppchengesichter von der Themse

BURMA

BURMESEN sind grazil und athletisch gebaut.

Wer einer Burma begegnet, wird sich ihrem charmanten Wesen nicht entziehen können. Freundlich und aufgeschlossen sucht diese Rasse den Kontakt zu Menschen. Nicht umsonst trägt sie den Beinamen „Menschenkatze". Burmesen wissen genau, wie sie sich in den Mittelpunkt spielen können. Ihr Temperament ist einfach mitreißend. Ihr Erfindungsreichtum und ihre Intelligenz überraschen. Spielfreude und ein ausgeprägter Bewegungsdrang sind weitere Charakteristika. Hat der Mensch gerade keine Zeit, werden die Artgenossen zum Spielen und Toben aufgefordert. Burma-Katzen lieben die Geselligkeit, und deshalb ist es schön, wenn man ihnen den Kontakt zu Artgenossen ermöglicht. Man sollte sich jedoch darauf einstellen, dass Burma-Katzen ein dominantes Wesen haben und dazu neigen, sich Vertretern anderer Katzenrassen mit sanftem Nachdruck überzuordnen.

WO KOMMEN SIE HER?

Burma-Katzen stammen aus dem südostasiatischen Raum und sind relativ eng mit der Siam-Katze verwandt. Ahnen unserer heutigen Burmesen sind bereits für das 15. Jahrhundert nachgewiesen. Allerdings lag ihr Hauptverbreitungsgebiet damals in Thailand und nicht in Burma. Auch wenn Legenden unterhaltsamer sind als die Wirklichkeit, ist davon auszugehen, dass sich im Schlanktyp stehende Katzen aufgrund der harten Lebensbedingungen entwickelt haben. Daraus resultiert auch die Triebhaftigkeit und Fruchtbarkeit vieler im orientalischen Typ stehender Katzen: Ungünstige Lebensumstände bewirken eine hohe Sterblichkeit. Viel Nachwuchs sichert wiederum den Fortbestand der Art. Burmesen zählen neben Siamesen zwar zu den ältesten orientalischen Katzenrassen in Europa und gehören neben Persern und Siam-Katzen sogar zu den beliebtesten Rassen in England und den USA, aber dennoch ist ihre züchterische Geschichte relativ jung. Offensichtlich wurde die erste Burma-Katze erst 1930 nach Amerika importiert.

DIE ERSTE BLAUE BURMESIN

In den 1950er Jahren gab es die ersten blauen Burmesen. Gegen Ende der 1950er Jahre wurden in den USA die ersten chocolatefarbenen Burmesen gezüchtet. Anfang der 1970er Jahre erkannten die Zuchtverbände auch die

FUNKELN Die Augen glitzern wie Edelsteine.

MENSCHENKATZEN

Abgesehen von den traumhaft schönen Farben ist es das liebenswerte Wesen, das Burmesen so unwiderstehlich macht. Erwähnenswert ist auch ihre markante Stimme. Es handelt sich um eine äußerst redselige Rasse, die ihren Stimmungs-schwankungen durch den Einsatz der unterschiedlichsten Tonlagen Ausdruck verleiht. Abgesehen von der Zeit der Rolligkeit ist die Stimme der Burmesen durchaus angenehm. Streicheleinheiten und Schmusestunden zählen ebenfalls zu den grundlegenden Bedürfnissen einer Burma-Katze. Sie sucht den Körper-kontakt zu ihrem Menschen und zu Art-genossen.

Farbe Lilac an. Rote und cremefarbene Burmesen hatte es bereits vor der An-erkennung der Lilac-Burmesen gegeben; Mitte der 1970er Jahre wurden auch sie als Farbvarietäten anerkannt. Die Aner-kennung der vier Tortie-Farben erfolgte Ende der 1970er Jahre. Die aktuelle Burma-Zucht präsentiert sich mit zehn Farbschlägen. Neben England und den USA haben auch Australien und Neusee-land einen hohen Stellenwert innerhalb der Burma-Zucht erreicht. Aus Australien und Neuseeland stammen viele Silber-varietäten. Allerdings gilt England nach wie vor als das eigentliche Ursprungsland der Burma-Zucht.

Burma-typische Farbschläge sind da-durch gekennzeichnet, dass die Körper-unterseite heller ist als die Färbung von Rücken und Beinen. Die Abzeichen am Gesicht und an den Ohren hingegen sind dunkler als der restliche Körper.

So sieht sie aus

TYP eleganter Athlet

KOPF kurzer Keil; breit an den Backen-knochen

AUGEN weit auseinanderstehend, ausdrucksvoll, lebhaft, leuchtend; Farbe: goldenes Gelb erwünscht

KÖRPER mittellang, muskulös, kompakt

SCHWANZ gerade, mittellang

FELL sehr kurz, fein, seidig, glänzend, eng anliegend, fast ohne Unterwolle

FARBE Brown, Blue, Chocolate, Lilac, Red, Creme, Seal/Blue/Chocolate/Lilac Tortie

Die Katze, die den Menschen liebt.

BRITISCH KURZHAAR BLAU (KARTÄUSER)

Der Name Kartäuser ist selbst katzen-unerfahrenen Menschen geläufig. Fast jeder kennt die wunderschönen, blauen Katzen, die trotz ihrer imposanten Größe voller Eleganz durch die Studio-Inszenierungen weltberühmter Werbefilmer schreiten. Die „blauen Bärchen", hinter denen sich meistens Britisch Kurzhaar Blau verbergen, haben die Herzen der Nation im Sturm erobert. Für viele sind sie der Inbegriff der idealen Katze: bestechend schön, liebenswert und anschmiegsam. Die FIFe führt auch Chartreux als eigenständige Rasse, die von manchen als die echten Kartäuser bezeichnet werden. Allerdings sind sie sehr selten und weitaus weniger populär als die blauen Briten. Die Wiege der Britisch Kurzhaar Blau steht in England – wie der Name unschwer vermuten lässt … Dort kannte

KUPFERFARBENE AUGEN sind sehr ausdrucksstark.

und schätzte man die kompakt gebauten, kurzhaarigen Vierbeiner bereits seit über 100 Jahren. Es dauerte nicht lange und schon begeisterten sich auch deutsche und holländische Katzenliebhaber für die liebenswerte Rasse. Sie setzten besonders schöne, blaue Hauskatzen und Perser zur Zucht ein und importierten typvolle Rassevertreter aus England. Die Einkreuzung von Persern sollte den Typ verbessern und eine edlere, orange Augenfarbe erzielen. Heutzutage werden keine Perser mehr eingekreuzt. Hin und wieder liegt ein langhaariges Kartäuserchen in der Wurfkiste. Dies kann geschehen, wenn beide Elterntiere das Langhaar-Gen tragen und die perserhafte Eigenschaft an ihren Nachwuchs weitergeben. Auch wenn dieses Merkmal keinerlei gesundheitliche Nachteile mit sich bringt, sollten langhaarige Kitten nicht zur Kartäuser-Zucht eingesetzt werden, weil sie die spezifische Textur des standardgemäßen Haarkleids gefährden könnten. Typvolles Fell sollte kurz und dicht sein. Aufgrund der guten Unterwolle darf es nicht eng anliegen und muss fest im Griff sein.

BKH ODER CHARTREUX?

Wenn Sie sich ernsthaft für die Anschaffung eines Kartäusers interessieren, werden Sie recht schnell bemerken, dass die ganze Angelegenheit für Laien verwirrend ist. Während es für den Katzen-

BLAUES BÄRCHEN mit Persönlichkeit.

GESTALT UND FARBE

Der runde, massive Kopf mit dem breiten Schädel, das kurze, breite Näschen mit einer sanften Einbuchtung und das kräftige Kinn verleihen der Britisch Kurzhaar Blau ein imposantes und püppchenhaftes Aussehen. Die großen, runden und stets weit geöffneten Augen bestechen mit einem leuchtenden Kupferton oder einem herrlichen Dunkelorange und sind von außergewöhnlicher Expressivität. Die kleinen, an den Spitzen leicht abgerundeten Ohren sind weit gestellt und passen zu dem hübschen Kopf der bärenhaften, blauen Stubentiger.

liebhaber ohne züchterische Ambitionen vor allem das attraktive blaue Fell und die ausdrucksvollen Augen sind, die einen Kartäuser ausmachen, ziehen Britisch Kurzhaar Blau- und Chartreux-Züchter klare Grenzen. Sie betonen die Eigenständigkeit der Rassen. Alles begann damit, dass die FIFe die Rassen Chartreux und Britisch Kurzhaar Blau 1967 aufgrund ihrer Ähnlichkeit zusammenfasste. Zu dem Zeitpunkt erfolgten oft Verpaarungen zwischen Chartreux und BKH. Heute ist dies nicht mehr erlaubt. 1977 beschloss die FIFe, beide Rassen zu trennen und versah die Stammbäume der blauen Britisch Kurzhaar-Katzen mit dem Zusatz „Kartäuser". 1991 erfolgte die Streichung des Zusatzes und die Bezeichnung für die „blauen Bärchen" lautete von nun an Britisch Kurzhaar Blau. Dies gilt ausschließlich für die FIFe. Zahlreiche andere Katzenverbände bezeichnen die blauen Briten heute noch als Kartäuser und führen die Chartreux als Rasse.

So sieht sie aus

TYP groß, schwer, behäbig

KOPF rund, massiv, breiter Schädel, kräftiges Kinn; kurze, breite Nase mit leichter Einbuchtung

AUGEN groß, rund, weit geöffnet, weit auseinandergesetzt, kupferfarben oder dunkelorange

KÖRPER muskulös, gedrungen, breite Brust und Schultern; starker, kräftiger Rücken

SCHWANZ kurz und dick, leicht gerundete Spitze

FELL kurz, dicht, nicht flach anliegend, gute Unterwolle, fest im Griff

FARBE Blau; jedes Haar sollte bis zur Wurzel einheitlich in der Farbe sein.

Unwiderstehlich blau, bärig und kuschelig.

DEVON REX

Welliges Fell, große, expressive Augen und ein kurzes, keilförmiges Köpfchen sind die unübersehbaren Markenzeichen der Devon Rex-Katze. Sie gehört – genau wie auch Cornish und German Rex-Katzen – zur Fraktion „Schmuse-E.T.s", wobei das ganz und gar nicht abwertend gemeint ist. Im Gegenteil: Längst nicht jede Rasse überzeugt schon beim ersten Kontakt durch Charme und eine solch extreme Anhänglichkeit. Rex-Katzen sind liebenswerte Vierbeiner, die sich auch als Wohnungskatzen pudelwohl fühlen. Bei einer Zufallsverpaarung streunender Hauskatzen im englischen Devon entstanden, begann die Devon Rex in den 1960er Jahren ihren Siegeszug durch die Cat Fancy. Damals war ihr Äußeres längst noch nicht so gefestigt wie heute, dafür sorgte das durch eine genetische Mutation bedingte Fell für Aufsehen. Ein gezieltes Zucht-Programm verstärkte im Lauf der Jahre die gewünschten Attribute, musste allerdings auch einige Hürden überwinden: In der Vergangenheit gab es innerhalb der Zucht leider viele Krankheiten. Auch die Fellqualität ließ lange Zeit zu wünschen übrig. Erfahrene Züchter vermuten die Ursache in Fehlern, die bereits vor mehreren Jahrzehnten gemacht wurden. Inzwischen ist dank kompetenter Selektion von all dem nichts mehr zu spüren. Zurzeit sind Typ und Fellqualität der Devon Rex meistens ganz hervorragend. Varianten mit weißem Fell und goldfarbenen Augen sind besonders populär, obwohl es die smarten Devons in allen Farben und Mustern gibt. Die mit weitem Abstand gesetzten Augen wirken aufgrund ihrer Größe und ihrer reinen und klaren Farbe. Die gekräuselten, kräftigen Schnurrhaare und Augenbrauen verleihen der extravaganten Schönheit ein ganz besonderes Flair.

DACKELBEINE

Devon Rex-Katzen präsentieren sich mit einem dreieckigen Kopf mit kurzer Nase und sind häufig nicht so stark gelockt wie die German und die Cornish Rex. Sie sind insgesamt gedrungener und haben eine typische Dackelbein-Stellung. Manche bezeichnen die markante Beinstellung auch als O-Beine, die durch eine leichte Krümmung der Beine am Körper zustande kommen. Zuchtrichter widmen dem Kopf, dem Typ und der Haltung besonderes Augenmerk. Da werden beim Fell schon mal Abstriche gemacht. Nackte

EXTREM ANHÄNGLICH die kleine Devon Rex

oder klebrige Stellen sollte es jedoch nicht haben, sondern sehr kurz, fein und von großer Weichheit sein. Eine volle Behaarung wird ganz klar bevorzugt, obwohl viele Devon Rex-Katzen an der Unterseite des Körpers nur Flaum aufweisen.

ERSTAUNLICH

Die meisten Devon Rex-Katzen zeigen sich gern auf Ausstellungen. Sie sind ausgesprochen lieb und umgänglich. Diese Eigenschaft teilen sie mit Sphynx-Katzen, die ebenfalls über Intuition und Sensibilität verfügen. Aber Devon Rex-Katzen sind nicht nur gute Menschenkenner, sondern auch für Überraschungen gut. „Das Frappierendste, was ich je im Leben gesehen habe, war ein Aussteller in Italien: An ihm hingen, klebten und klammerten sieben Devon Rex, als er durch die Einlasskontrolle ging. Er pflückte sie praktisch von seinem Mantel, ließ die Katzen vom Tierarzt untersuchen und setzte sie danach wieder einzeln dran", erinnert sich Anneliese Hackmann, Präsidentin der World Cat Federation.

EIN HINGUCKER die großen ovalen Augen

So sieht sie aus

TYP mittelgroß

KOPF kurz und breit

AUGEN groß, oval und weit auseinandergesetzt

KÖRPER mittellang, muskulös

SCHWANZ lang

FELL kein Deckhaar, sehr kurz, fein, weich und wellig. Schnurrhaare und Augenbrauen sind gekräuselt.

FARBE Alle Farben und Muster sind anerkannt, auch alle Farben mit Weiß.

Die Rex-Katze mit der charakteristischen Beinstellung

LANGLEBIG

Die erfahrene Katzenexpertin ist ohnehin sehr von Rex-Katzen angetan und erzählt von ihren Erfahrungen: „Nachdem ich Siamesen, Orientalen, Perser, Birma und auch einige Briten gezüchtet habe, kann ich sagen, dass die Rexe, was die Gesundheit anbelangt, alle um Längen geschlagen haben. Die meisten meiner Katzen sind allerdings alt geworden. Selbst meine Birma wurde über 20 Jahre.
Die Lebenserwartung hat sicher auch mit vielen anderen Sachen zu tun. Aber ich habe die Erfahrung gemacht, dass die kleineren Katzen, also die zierlicheren Rassen, eine höhere Lebenserwartung haben, als die großen. Und hierzu gehören nun einmal auch die Rexe."

DON SPHYNX

Warm und weich fühlt sie sich an, diese haarlose Katze, die immer öfter auf Internationalen Rassekatzenausstellungen zu sehen ist. Vom Gesamteindruck her wirkt sie mittelgroß, wobei Kater deutlich imposanter sind als Katzen. Markant ist der keilförmige Kopf mit seinen hervortretenden Augenbrauen, die der Don Sphynx einen unverwechselbaren Ausdruck verleihen. Dieser Eindruck verstärkt sich durch die klar hervortretenden Wangenknochen. Sie unterstreichen die mandelförmigen Augen, die leicht schräg stehen und aufmerksam in die Welt blicken.

MANCHMAL AUCH MIT FLAUM

Ein Hingucker sind auch die gelockten Schnurrhaare, die auffallend dick und oft unterschiedlich lang sind. Doch das eigentliche Merkmal dieser ungewöhnlichen Samtpfoten ist natürlich die nackte Haut. Auffallend sind ihre erstaunliche Elastizität und die zahlreichen Falten rund um den Kopf der Don Sphynx. Auch Hals, Bauch und Beine zieren Falten. Exzellente Zuchtkatzen zeichnen sich durch eine besonders ausgeprägte Befaltung rund um Schnauze und Schultern sowie zwischen den Ohren aus. Obwohl das klare Zuchtziel „komplette Haarlosigkeit" lautet, kommen auch spärlich behaarte Dons vor. Katzen mit maximal zwei Millimeter langem Flaum am ganzen Körper werden als „Flock" bezeichnet. Ist das Haar gewellt, rauhaarig und über den ganzen Körper verteilt, handelt es sich um eine „Brush". Am Kopf und im Na-

cken sind dabei oft kahle Stellen zu sehen. Und da auch eine Nacktkatze unterschiedliche Hautfarben entwickeln kann, sind alle Farben, auch in der Kombination mit Weiß, zugelassen. Zurzeit werden Don Sphynx in fünf Farbgruppen gerichtet.

NUR KNAPP ÜBERLEBT

Obwohl die Don Sphynx eine recht junge Nacktkatzenrasse ist, präsentieren Züchter sie zunehmend auf Rassekatzenausstellungen. Da sie aus Russland stammt,

DONS sind oft spärlich behaart.

NACKEDEI Haarlosigkeit ist das Zuchtziel.

heiten, sondern vielmehr ihre genetische Veranlagung. Diese Katze bildete den Grundstein der neuen Rasse Donskoy Sphynx (Don Sphnyx) und auch den der von der World Cat Federation (WCF) anerkannten russischen Rasse Peterbald, die von der FIFe bislang nur vorläufig anerkannt ist. Inzwischen gilt die Rasse als durchgezüchtet und findet immer mehr Liebhaber. Eine typvolle Don Sphynx ist eine wertvolle Katze und Kenner zahlen für sie hohe Preise. Schließlich hat sie noch eine zusätzliche Besonderheit: Ihre Zehen sind so lang und kräftig, dass sie mit ihnen problemlos kleine Gegenstände greifen und festhalten kann.

wächst ihre Popularität vor allem in den Ländern der ehemaligen Sowjetunion, aber tatsächlich auch in Deutschland, den USA und Kanada. Im Gegensatz zu anderen Nacktkatzenrassen liegt die Haarlosigkeit der Don Sphynx einem dominanten Gen zugrunde. Nach ihrer vorläufigen Anerkennung durch die FIFe, erfolgte am 1. Januar 2011 ihre endgültige Anerkennung durch den Dachverband. Der Ursprung der Don Sphynx ist in den 80er Jahren des letzten Jahrhunderts zu suchen. Im Januar 1986 wurde eine nackte Katze eingefangen, die herrenlos in der russischen Stadt Rostov am Don lebte. Schlimmer noch: Als Elena Kovaleva sie fand, steckte das Kätzchen in einer Plastiktüte und diente einer russischen Kinder-Gang als Fußball. Die spärlich behaarte Katze überlebte die Tortur, nur verlor sie in den nächsten Monaten auch noch alle restlichen Haare. Schuld waren weder Räudemilben noch andere Hautkrank-

So sieht sie aus

TYP mittelgroß, solide

KOPF keilförmig, länger als breit, hervortretende Wangenknochen und Augenbrauen

AUGEN mandelförmig, leicht schräg gestellt, aufmerksamer Ausdruck

KÖRPER mittellang, mittelkräftig, muskulös

SCHWANZ schlank, breit am Ansatz, verjüngt sich zur Spitze hin

FELL kein oder wenig Fell; Haut elastisch mit vermehrter Faltenbildung an Kopf, Hals, Schultern, Bauch und Beinen

FARBE Alle Farben und Zeichnungen sind erlaubt.

Seit 2011 vollständig anerkannt

63

EUROPÄISCH KURZHAAR

Sie ist die Königin der Hausgärten und schleicht europaweit auf leisen Pfoten hinter uns her. Viele halten Hauskatzen – denn nichts anderes sind Europäer – für die natürlichsten Vertreter der kunterbunten Katzenwelt. Man spricht ihnen Langlebigkeit und ausgeprägte Intelligenz zu. Es gibt Stimmen, die behaupten, Hauskatzen seien im Gegensatz zu den Rassekatzen absolut instinktsicher und durchaus befähigt, ohne menschliche Unterstützung zurechtzukommen. Eines gilt als unbestritten: Europäer bestechen durch schlichte Eleganz und versetzen ihre Umwelt auch ganz ohne buschigen Schwanz, Pinsel auf den Ohren oder verwegenen Löwenkragen in Verzückung. Sie sprühen vor Charme und verbreiten im heimischen Garten einen Hauch von ungezähmter Wildheit. Irgendwie strahlt aus den Augen der Hauskatze die jahr-

tausendealte Entwicklungsgeschichte des perfektesten aller Raubtiere. Ihre Art sich anzupirschen ist unvergleichlich; die Geschwindigkeit ihrer Reaktionen kaum nachzuahmen, und die Kunst, mit flinken Bewegungen die höchsten Bäume zu erklimmen, beherrscht kaum ein Lebewesen so überzeugend wie sie.

WENN DIE FREIHEIT RUFT

Dennoch gibt es sie, die unübersehbaren Unterschiede, die zwar vielleicht nicht auf alle Samtpfoten zutreffen, aber zweifelsohne stadtbekannt sind: Wald- und Wiesenkatzen – wie freiheitsliebende, schnurrende Mäusefänger oft liebevoll genannt werden – tragen ihren schönen Namen nicht umsonst. Die meisten Schmusebärchen, die keiner mit Ehre und Pokalen überhäuften Rasse angehören, schätzen ihre Unabhängigkeit und kultivieren einen grenzenlosen Freiheitsdrang. Die Welt ist in Ordnung, wenn das behütete Haus oder die beengende Wohnung nach Lust und Laune verlassen werden kann, um in der freien Wildbahn einer Katze würdige Abenteuer zu bestehen. Geheimnisvolle Verstecke im hohen, wogenden Gras oder unter dichtem Gebüsch üben einen weitaus größeren Reiz aus, weil es dort ganz einfach mehr zu beobachten gibt, als bei einem gelangweilten Blick auf das Blümchenmuster der Wohnzimmertapete.

DIE WAHRE KÖNIGIN der europäischen Hausgärten.

HAUSKATZEN wissen, was sie wollen.

halten. Die spitzen Eckzähne durchdringen präzise die zarten Rückenwirbel und töten ein Mäuschen in Sekundenschnelle.

IM MORGENGRAUEN GEHT ES LOS

Im Morgengrauen und gegen Abend laufen pfiffige Hauskatzen zu Hochtouren auf. Sie belauern ahnungslose Beutetiere, die ihre Schlupfwinkel verlassen, um im Schutz des schwachen Lichts Nahrung zu suchen. Raubtiere, die im Halbdunkel jagen, sind mit außerordentlich hoch entwickelten Sinnesorganen ausgestattet. Sie sehen weitaus besser als Menschen, und ihr Gehör schlägt das anderer Lebewesen um Längen. Wer eine Hauskatze bei der Jagd beobachtet, wird von ihren ursprünglichen Fähigkeiten begeistert sein.

EIN MEISTERWERK DER EVOLUTION

Katzen sind die Inkarnation des perfekten Raubtieres; ein Meisterwerk der Evolution, und das stellen einzelne Hauskatzen täglich unter Beweis. Jede Faser ihres eleganten Körpers ist auf die Jagd ausgelegt. Das zweitliebste Haustier der Deutschen schlägt im Bruchteil einer Sekunde zu und bohrt seine scharfen Eckzähne in kleine Beutetiere. Auflauern, lautloses Anpirschen, ein kurzer Sprint, Klettern und Springen sind die Spezialitäten der Gattung Felidae – auch wenn der Anblick einer auf dem Sofa schnurrenden Mieze schnell vergessen lässt, dass sie ein kraftvoller Jäger mit messerscharfen Zähnen und nadelspitzen Krallen ist. Hält der erfolgreiche Sprinter sein Beutetier erst in den Fängen, wird es mit Krallen und Reißzähnen festge-

So sieht sie aus

TYP Hauskatze

KOPF groß

AUGEN rund, offen

KÖRPER robust, stark, muskulös

SCHWANZ mittellang, dick am Ansatz

FELL kurz, dicht, federnd, glänzend

FARBE White, Black, Blue, Red, Creme, Black/Blue Tortie, Black/Blue/Red/Creme/ Black Tortie/Blue Tortie Smoke, Black/ Blue/Red/Creme/Black Tortie/Blue Tortie Tabby, Black/Blue/Red/Creme/Black Tortie/Blue Tortie Silver Tabby, Van, Harlekin, Bicolour

Hoffentlich nicht bald ausgestorben

JAPANESE BOBTAIL

Im gekringelten Zustand ist er fünf bis acht Zentimeter lang. Im gestreckten bis zu 13 Zentimeter. Der Schwanz der Japanese Bobtail ist flexibel, obwohl die fächerartig abstehenden Haare die darunter liegende Knochenstruktur gekonnt verbergen. Daher kommt auch der Pompon-Effekt des ungewöhnlichen Schwanzes. Der Standard wünscht den Schwanz eher starr als gegliedert, wobei sich das nicht auf den Schwanzansatz bezieht. Es gibt gerade Schwanzformen, aber auch welche mit Kurven und Winkeln. Alle drei Varianten sind zulässig. Ist die Katze entspannt, trägt sie den Schwanz aufrecht. Interessierte Blicke zieht jedoch nicht nur der Schwanz, sondern auch das Gesicht der Japanese

Bobtail auf sich. Es wirkt tatsächlich japanisch angehaucht, was den ausgesprochen hohen Backenknochen und der langen Nase zuzuschreiben ist. Im Profil ist dieser Eindruck ganz besonders stark ausgeprägt, zumal das Profil die extreme Schrägstellung der Augen betont.

HEISS BEGEHRT: GLÜCKSKATZEN
Obwohl mit wenigen Ausnahmen alle Fellfarben erlaubt sind, gibt es eine Variante, die besonders begehrt ist: die dreifarbige Kombination aus Schwarz, Rot und Weiß (Tricolour). Sie wird offiziell auch als Mi-Ke bezeichnet, was auf Japanisch „Glückskatze" bedeutet. Die FIFe trägt der japanischen Tradition Rechnung, indem sie Japanese Bobtails bevorzugt,

STUMMELSCHWANZ Unter dem kleinen Pompon verbirgt sich ein gekringelter, bis zu 8 cm langer Schwanz.

JAPAN-LOOK durch hohe Wangenknochen.

die mit hoher Wahrscheinlichkeit für dreifarbigen weiblichen Nachwuchs sorgen. Ob hierbei Schwarz, Rot oder Weiß dominieren, ist zweitrangig. Doch je dramatischer und kontrastreicher die Farbkombination ausfällt, desto besser. In Japan ziehen Mi-Ke-Katzen bereits seit dem Mittelalter Aufmerksamkeit auf sich. Aus dieser Zeit gibt es zahlreiche Zeichnungen und bis heute erhaltene Skulpturen. Gastfreundliche Familien stellen neben ihrem Eingang übrigens noch heute eine Skulptur auf, die eine dreifarbige Glückskatze darstellt. Ob man schwanzlose Katzen mag oder nicht, ist reine Geschmackssache. Fällt die Entscheidung für sie, ist auf eine Katze aus verantwortungsvoller Zucht zu achten. Denn dann ergeben sich aus der Schwanzlosigkeit in der Regel keine gesundheitlichen Probleme.

VIELE INSELKATZEN BETROFFEN
Die Schwanzlosigkeit selbst ist weltweit immer wieder auch bei frei lebenden Katzen zu beobachten. Auf Inseln, wie zum Beispiel Bali, ist eine Häufung offensichtlich. Dabei liegt das weniger am immer wieder unterstellten Aberglauben der Inselbewohner, die angeblich Katzenschwänze abhacken, um Schlangen aus ihren Häusern fernzuhalten. Vermutlich

ist in den meisten Fällen ein rezessives Gen an dieser Entwicklung beteiligt, das durch Inzucht bedingt häufiger zuschlägt. Auf den Gleichgewichtssinn oder gar das Orientierungsvermögen wirkt sich das Fehlen des Schwanzes nicht aus. Außer, es ist unfallbedingt und geht mit weiterer gesundheitlichen Beeinträchtigungen einher. Die FIFe erkennt – abgesehen von der Japanese Bobtail – folgende weitere Rassen ohne Schwänze an: Cymric, Kurilische Bobtail Kurzhaar, Kurilische Bobtail Langhaar und Manx.

So sieht sie aus

TYP mittelgroß, muskulös, dennoch lang gestreckt und schlank

KOPF gleichschenkeliges Dreieck mit sanft geschwungenen Linien

AUGEN groß, oval, wachsamer Ausdruck, einzigartige Augenstellung, die aufgrund der hohen Backenknochen und der langen Nase japanisch wirkt

KÖRPER lang, schlank, elegant, gut bemuskelt, nicht plump, harmonische Proportionen

SCHWANZ fünf bis acht Zentimeter langer Stummelschwanz mit fächerartig aufgestellten Haaren, Pompon-Effekt

FELL kurz, weich, seidig, ohne ausgeprägte Unterwolle

FARBE alle, außer Silver (Shaded/Shell/Golden), Ticked Tabby und Pointed

Die japanische Glückskatze

MANX

VORNE KATZE, HINTEN HASE? Nein! Manx sind echte Stubentiger mit großer Ausstrahlung.

Der fehlende Schwanz ist wohl das Erste, was an einer Manx auffällt. Und wenn sie typvoll ist, gleicht ihr Körper – wenn man sich den Kopf wegdenkt – recht exakt dem eines Hasen. Kein Wunder, dass sich auf Internationalen Rassekatzenausstellungen stets viele Besucher um die ungewöhnlichen Samtpfoten drängen. Der Körper der Manx ist ungewöhnlich quadratisch, weil ihm bis zu drei Wirbel fehlen. Das allein beeinträchtigt das Wohlbefinden der Manx anscheinend nicht, dennoch galt ihre Zucht in den ersten Jahren als höchst anspruchsvoll. Die Verpaarung zweier schwanzloser Rassevertreter führte zu Totgeburten oder Behinderungen. Diese Probleme gelten heute als bewältigt. Zumindest dann, wenn eine der beiden angepaarten Manxkatzen zumindest den Ansatz eines Schwanzes hat. Dennoch ist die Manx manchen Tierschützern ein Dorn im Auge. Sie hoffen nach wie vor auf ein Zuchtverbot.

NATÜRLICH ENTSTANDEN

Dabei handelt es sich gar nicht um eine von Menschenhand geschaffene Rasse, sondern um eine auf der britischen Insel Isle of Man entstandene Laune der Natur, die seit jeher Aufmerksamkeit auf sich zog und bereits Ende des 19. Jahrhunderts als eine der ersten Rassen in England ausgestellt wurde. Schon 1906 verewigte der Maler Louis Wain Manxkatzen auf zahlreichen Gemälden. Doch was für ein Wesen verbirgt sich eigentlich unter der extravaganten Hülle? Ein überaus freundliches! Innerhalb der Familie zeichnen sich Manxkatzen durch ruhiges Auftreten und ausgeprägte Anhänglichkeit aus. Den Tierarzt sieht sie in der Regel selten, denn eine robuste Gesundheit und hohe Lebenserwartung sind typisch für die Manx.

KURZ IST NICHT GLEICH KURZ

Typisch ist auch der auffallend kurze Rücken. Die tiefen Flanken verstärken den quadratischen Gesamteindruck der mittelgroßen Katze. Ein großer, runder Kopf mit vollen Pausbäckchen begeistert Fans der Rasse. Während Wert auf eine mittlere Länge des Kopfes und wenig Stopp gelegt wird, spielt die Augenfarbe bei der Rasse eine eher untergeordnete Rolle. Wichtig ist die Länge des Schwanzes. Der Standard unterscheidet drei Varianten: Rumpy steht für einen fehlenden Schwanz und eine deutliche Einbuchtung am Ende des Rückgrats.

TYPISCH kurzer Rücken und tiefe Flanken.

So sieht sie aus

TYP kurzer Rücken, tiefe Flanken

KOPF groß, rund, pausbäckig

AUGEN groß, rund

KÖRPER kräftig, kompakt

SCHWANZ Rumpy: kein Schwanz
Rumpy Riser: leicht verlängertes Rückgrat, dennoch wirkt die Katze schwanzlos
Stumpy: kurzer Stummelschwanz

FELL kurz, doppeltes Fell, weiche dicke Unterwolle

FARBE jede Farbe und Zeichnung ist erlaubt, auch mit Weiß

Die Geheimnisvolle von der Isle of Man

Rumpy Riser kennzeichnet ein nach oben hin verlängertes Rückgrat. Da es sich hierbei um das Kreuzbein und nicht um den Schwanzansatz handelt, bleibt der Eindruck der Schwanzlosigkeit erhalten. Stumpy weist auf einen kleinen, maximal drei Zentimeter langen Stummelschwanz hin, der jedoch nie geknickt oder gebogen sein darf.

Das mittellange Fell der Manx fühlt sich herrlich voll und seidig an. Es ist doppelt angelegt, hat eine dicke, weiche Unterwolle und eine hervorragende Textur. Das üppige Haarkleid besticht in allen erdenklichen Farben und Mustern. Es gibt auch eine langhaarige Variante der Manx, die als Cymric mit einem eigenen Standard geführt wird.

RUSSISCH BLAU

Die großen, grünen Augen leuchten wie Smaragde. Blaugraues, silbern schimmerndes Fell umhüllt den muskulösen Körper der mittelgroßen Katze und wirkt fast wie ein Edelmetall, das die passende Fassung zu den glänzenden, geheimnisvoll blickenden Augen bildet. Nicht umsonst bezeichnen viele Bewunderer Russisch Blau-Katzen als die Aristokraten der Samtpfoten-Welt. Ihre Grazilität und die ganz spezielle Art, voller Eleganz, lebhaft um sich blickend, auf leisen Pfoten über einen weichen Teppich zu schreiten, sind einfach bezaubernd.

Das kurze, seidige Haar ist von großer Feinheit und überrascht mit seiner doppelten Struktur. Die wärmende Unterwolle und das attraktive Deckhaar sind exakt von gleicher Länge, was zur ungewöhnlich plüschigen Textur des Fells beiträgt. Liebhaber der traumhaft schönen Rasse versichern, dass dieses Streichelgefühl mit keiner anderen Katzenrasse vergleichbar sei.

MYSTERIÖS

Der schnurrenden Zunft wird nachgesagt, sie sei geheimnisvoll und schwer durchschaubar. Russisch Blau-Katzen haben sich diesen Ruf offensichtlich zur Lebensaufgabe gemacht, denn wenn sie ihre grünen Augen auf einen richten und die Spitzen ihres silbern schimmernden Fells metallisch in der Sonne funkeln, glaubt man einem mysteriösen Wesen gegenüberzustehen. Da ist zum einen diese betörende Eleganz und Harmonie, die eine schier unwiderstehliche Anziehungs-

kraft ausstrahlen, zum anderen weht einem der Hauch vornehmer Unnahbarkeit entgegen. Die blauen Grazien sind weit davon entfernt, jedem „dahergelaufenen" Verehrer ihre Gunst zu zeigen. Fremden gegenüber legen sie lieber eine gesunde Distanziertheit an den Tag.

HERKUNFT RÄTSELHAFT

Zum Thema Herkunft gibt es zahlreiche Ansätze, aber genau gelüftet wurde die Vergangenheit dieser außergewöhnlichen Katze nie. Angeblich gehört sie zu den ältesten Kurzhaarrassen überhaupt. Die frühesten nachprüfbaren Informationen stimmen nachdenklich: Offensichtlich wurden die geschmeidigen Blauen mit dem weichen Pelz in der Vergangenheit als Pelztierlieferant missbraucht. Zeitgenössische Schriften berichten von Ärmelaufschlägen und Krägen, die mit Russenfell verschönert wurden. Nachvollziehbar ist, dass die ersten Russisch Blau-Katzen

GRÜNE AUGEN prägen den Ausdruck.

BEI FREMDEN zurückhaltend, ist die Russisch Blau in der Familie verschmust und anhänglich.

1880 in England auf einer Ausstellung präsentiert wurden und mit ihrem keilförmigen Gesichtchen, dicken Schnurrhaarkissen und dem silbrigen, plüschartigen Fell für großes Aufsehen sorgten. Einen vergleichbaren samtweichen Pelz mit glitzernden Reflexen hatte man im verregneten Großbritannien bislang noch nicht gesehen. Der Zweite Weltkrieg versetzte der aufblühenden Rasse einen tiefen Schlag. Mitte der 1940er Jahre galt die extravagante Rasse praktisch als ausgestorben. In England behalf man sich, indem blaue Siamesen zur Zucht eingesetzt wurden, was weniger zum Erhalt der Rasse als zu einer massiven Typveränderung beitrug. Mitte der 1960er Jahre besann man sich auf den alten Typ und machte das ursprüngliche Aussehen der Russisch Blau zur Maxime der internationalen Zucht. Der kleine, aber feine Züchterkreis, der sich die Reinerhaltung des Russisch Blau-Typs auf die Fahnen geschrieben hat, betont, dass eine Russisch Blau ausnahmslos kurzhaarig zu sein hat und keine weißen Abzeichen aufweisen darf. Medaillons oder weiße Flecken am Bauch sind genauso indiskutabel wie langhaarige oder halblanghaarige Ahnen in den Stammbäumen. Oberstes Ziel ist, die einmalige Optik der Rasse ohne Einschränkungen zu bewahren.

So sieht sie aus

TYP grazil

KOPF kurz, keilförmig

AUGEN grün, lebhaft, weit auseinandergesetzt, groß, mandelförmig

KÖRPER lang gestreckter Körper, mittelstarker Knochenbau

SCHWANZ lang, spitz zulaufend

FELL kurz, dicht, sehr fein, seidig, weich, plüschartig, doppelte Struktur

FARBE Blaugrau, deutlicher Silberschimmer, mittleres Blaugrau bevorzugt

Eleganz im metallisch glänzenden Haarkleid

SNOW BENGAL

Der Blick der blauen Augen ist alles durch-dringend. Die kleinen Ohren mit den abgerundeten Spitzen sind aufmerksam nach vorne gerichtet. Auf dem elfenbein-farbenen Grund des plüschigen Fells zeichnen sich dunkelbraune Rosetten ab. Rund 50 Kilogramm Lebendgewicht pirschen dort durch den Schnee. Vermut-lich ist der majestätische Schneeleopard auf der Jagd nach einem Steinbock. Der erhabene Anblick dieser im Hoch-gebirge Zentralasiens lebenden Groß-katze fasziniert. Vor allem dann, wenn man Katzenzüchter ist und davon träumt, die wilde Schönheit eines unbezähm-baren Raubtieres in ein handliches For-mat zu bringen und eine gehörige Portion Schmusefaktor hineinzuzaubern. Ein allzu kühner Traum? Von wegen. Denn für einige Snow Bengal-Züchter ist er zumindest bereits zum Greifen nah.

WEISS BIS ELFENBEINFARBEN

Doch bevor Gerüchte aufkommen: Schneeleoparden haben nichts mit der Snow Bengal-Zucht zu tun. Außer, dass sie als optisches Vorbild dienen. Dennoch fließt Wildkatzenblut in den Adern der apart gezeichneten, weißen bis elfenbein-farbenen Schmuser. Und zwar das der Bengalkatze (Felis bengalensis), die einst zur Entstehung der Rasse Bengal Cat bei-trug. Einst – das war in den 60er Jahren des letzten Jahrhunderts, als Jean Mill eine Bengalkatze mit einem Hauskater verpaarte. Eine hieraus entstandene,

BRAUNE TUPFEN auf hellem Grund – der Schneeleopard stand Pate, als die Snow Bengal entstand.

getupfte Katze wurde später mit ihrem Vater zurückverpaart und brachte einen schönen Wurf, mit dem Jean Mill jedoch nicht weiterzüchtete. Die Erfolgsstory ging erst weiter, als die Universität von Kalifornien der Züchterin mehrere getupfte Katzen überließ, die einem Genetik-Programm mit Asian Leopard Cats entstammten. Dann ging alles Schlag auf Schlag: Schon 1983 registrierte die TICA (The International Cat Association) in den USA Bengal Cats. 1985 präsentierte sich die neue Rasse im Rahmen einer Ausstellung erstmals vor großem Publikum. Die Fachwelt war begeistert.

WELTWEIT LIEBHABER
Von nun an drängten immer mehr Züchter ins Rampenlicht. Sie schufen weitere Blutlinien mit Asian Leopard Cats und damit eine Linienbasis mit großem Genpool. Doch der Weg war steinig. Tiere

So sieht sie aus

TYP geschmeidig, auffallend muskulös

KOPF ähnelt einem breiten Keil, abgerundete Konturen

AUGEN oval, manchmal leicht mandelförmig

KÖRPER lang, kräftig, groß im Vergleich zum Kopf

SCHWANZ dick, läuft am Ende spitz zu

FELL kurz bis mittellang, dicht, weich

FARBE Snow Marbled, Snow Spotted, Seal Sepia/Seal Mink Marbled, Seal Sepia/Seal Mink Spotted

Wildlife-Charme im Wohnzimmer-Format

1985 wurde die Rasse erstmals ausgestellt.

der F1-Generation (Wildkatze x Hauskatze) erwiesen sich als Wildlinge – unnahbar bis angriffslustig. Hinzu kam, dass Kater der F1- und der F2-Generation steril sind. Ab F4 gibt es fruchtbare Kater. Doch die Züchter hielten durch. So festigte sich die Rasse und fand weltweit Liebhaber. Abgesehen vom unübersehbaren Wildkatzentyp, gepaart mit einem freundlichen, anhänglichen und aufgeschlossenen Wesen, begeisterten die Farben der Bengal Cat: Brown und Snow, jeweils in den beiden Zeichnungsmustern Spotted-Tabby und Marble. Die FIFe führt die Snow Bengal nicht als eigenen Standard, sondern als Farbvariante der Bengal Cat.

SOMALI

Es ist kaum zu glauben, dass Somali-Katzen ursprünglich als unerwünschtes Zufallsprodukt galten. Die wunderschönen, erstaunlich intelligenten und unermüdlich aufgeschlossenen Halblanghaar-Samtpfoten, die inzwischen in sämtlichen Farben der Abessinier gezüchtet werden, sind von bestechender Attraktivität. Als halblanghaarige Verwandte der Abessinier finden sie weltweit immer mehr Freunde und fordern gleichzeitig das Know-how und die Erfahrung einer passionierten Züchterschaft heraus. Die Geschichte der Somali beginnt in den 1950er Jahren und konzentriert sich auf die USA, Kanada, Neuseeland und Australien. Offensichtlich gab es zu diesem Zeitpunkt eine nicht ganz zufällige Häufung langhaariger Abessinier-Kätzchen, deren Existenz der Mehrheit der Züchter überaus unangenehm war.

IMMER AUF ACHSE Somalis sind dort, wo etwas los ist.

Durchstöbert man die Stammbäume der frühen „Aby"-Generationen, stellt man fest, dass viele der registrierten Tiere unbekannter Herkunft sind. Man findet Bezeichnungen wie „Halbabessinier", „afrikanische Wildkatze" und entdeckt, dass auch Siam-Katzen an der Entstehung der Rasse beteiligt waren. Die Einkreuzung verschiedener Rassen führte in letzter Konsequenz auch dazu, dass in Abessinier-Würfen immer wieder langhaarige Kitten fielen – die sogenannten Somalis. Die Somali darf allerdings nicht als Langhaar-Abessinier bezeichnet werden. Sie ist heute eine selbstständige Rasse mit einem spezifischen Phänotyp und Charakter. Es ist zwar nach wie vor erlaubt, Abessinier in die Somali-Zucht einzukreuzen, um den Genpool zu vergrößern, aber umgekehrt darf nicht experimentiert werden.

DER WEG ZUR ANERKENNUNG

Hätte es nicht einige Züchter gegeben, die den charakteristischen Phänotyp der außergewöhnlichen Abessinier-Variante zu schätzen wussten, wäre die halblanghaarige Schwester der Abessinier vermutlich bis heute nicht anerkannt worden. Zum Glück kam alles anders. Ein kleiner Kreis von Züchtern sorgte dafür, dass sie tatsächlich als eigenständige Rasse anerkannt wurde. Der 1. Mai 1979 gilt als Meilenstein innerhalb der Somali-Zucht. An diesem Tag verlieh der größte amerikanische Katzenverband, die Cat Fancier

EIN SOMALI-KÄTZCHEN, wenige Wochen alt.

erinnert an gebrannten Ton (Rotbraun). Das typische Ticking des Fells (Haarbänderung) sollte schwarz sein. Kenner legen Wert auf ein kontrastreiches, oft gebändertes Haar. Bei sorrelfarbenen Somalis sollte das Ticking schokoladenfarben sein; bei blauen Katzen ist es blaugrau und bei fawnfarbenen Tieren kakaobraun. Jede typvolle Somali verfügt über Sohlenstreifen.

Association (CFA) der Rasse den Championstatus und erkannte die Somali in den Farben Ruddy (wildfarben) und Red (sorrel) als eigenständige Rasse an. Natürlich wurde auch der Standard niedergelegt. Ein Jahr zuvor hatten Züchter dem Richter-Komitee 125 Somalis präsentiert, um die Anerkennung der Rasse zu rechtfertigen. 1979 erfolgte die Gründung der Somali Cat Society. Zu diesem Zeitpunkt entstand der klangvolle Name Somali (nach dem afrikanischen Land Somalia). Allerdings hat weder die Rasse Abessinier noch die Rasse Somali etwas mit dem Schwarzen Kontinent zu tun. Drei Jahre nach der Anerkennung durch die CFA wurde die Somali in Deutschland durch die FIFe anerkannt, wobei die Farben Blau und Fawn miteinbezogen wurden. Es dauerte noch ein Jahr, und schon durften sich auch die Silberfarbschläge der Anerkennung erfreuen.

WILDFARBEN

Obwohl man bezüglich der Somali von einer beachtlichen Farbenvielfalt sprechen kann, gilt Wildfarben nach wie vor als am häufigsten vertretene Farbvarietät. Der Grundton dieser attraktiven Farbe

So sieht sie aus

TYP mittelgroß

KOPF keilförmig, breite Stirn, weiche Konturen

AUGEN groß, mandelförmig, bernsteinfarben, grün oder gelb, in der Farbe des Tickings umrandet

KÖRPER fest, geschmeidig, muskulös

SCHWANZ lang, spitz zulaufend, stark am Ansatz, gut behaart

FELL fein, sehr dicht; mittellang, an den Schultern kürzer, Halskrause und Höschen

FARBE Ruddy, Blue, Sorrel, Beige Fawn, Ruddy/Blue/Sorrel/Beige Fawn Silver. Alle Farbvarietäten mit dunklerem Ticking. Die Unterseite des Körpers, die Brust und die Innenseiten der Beine zeigen die einheitlich gefärbte Grundfarbe ohne Ticking oder Streifen. Ohrspitzen haben die Farbe des Tickings. Dunkle Sohlenstreifen an den Hinterbeinen

Abessinier im halblanghaarigen Gewand

75

SPHYNX

NACKTE HAUT macht die Sphynx aus.

Wenn es um Sphynx-Katzen geht, gibt es keine Kompromisse. Entweder findet man sie faszinierend oder hässlich. Dabei hat es kein Lebewesen verdient, einfach abgeurteilt zu werden. Denn was viele Menschen aus Unkenntnis heraus mit krank, ekelhaft oder abartig gleichsetzen, kann in Wirklichkeit gesund, lebensfroh und anhänglich sein. Nur weil eine Katze keine Haare hat, muss sie nicht anfälliger für Krankheiten sein oder eine kurze Lebenserwartung haben. Liebhaber der ungewöhnlichen Rasse lieben die zarte, warme Haut ihrer Katzen und geraten ins Schwärmen, wenn sie vom liebevollen Wesen der Sphynx erzählen. Es muss schon immer Fans von Nacktkatzen gegeben haben; angeblich wurden sie bereits von den Azteken gezüchtet. Wir machen einen kleinen Zeitsprung: 1830 beschreibt der deutsche Biologe Johann Rudolph Renger in seiner „Naturgeschichte der paraguayischen Säugetiere" Nacktkatzen.

Der nächste Hinweis ist ein Schwarz-Weiß-Foto von 1902, das zwei „Mexican Hairless", Katzen ohne Fell, zeigt. Wie man auf dem Foto erkennen kann, sind die Körper der Tiere mindestens zweifarbig pigmentiert. Beine und Gesichter sind heller als der Rest. Eine gewisse J. Shinick aus Albuquerque in New Mexico gibt in einem, zu Beginn des 20. Jahrhunderts verfassten Artikel ebenfalls interessante Hinweise auf die nackten Samtpfoten: „Die Katzen wurden von Indianern einige Meilen von hier erworben. Die alten Jesuitenpater glauben, das sind die Letzten der Aztekenrasse und man kennt sie nur in New Mexico." Bei diesen Katzen soll es sich um „Nellie" und den Kater „Dick" gehandelt haben. J. Shinick, die beide Tiere erwarb, versuchte, nach dem plötzlichen Tod des Katers eine weitere männliche Nacktkatze zu finden – erfolglos. Für die Züchterin war klar, dass die Rasse ausgestorben sei. Seit dieser Zeit gab es immer wieder Hinweise auf haarlose Katzen. Offensichtlich handelte es sich um eine Laune der Natur, die bei manchen Leuten auf Gegenliebe stieß.

REZESSIVE GENE

Das Fehlen des Fells liegt in einem rezessiven Gen begründet, das sich über viele Generationen hinweg vererben kann, ohne Auswirkungen zu haben. Erst wenn zwei Träger dieses Gens miteinander verpaart werden, liegen Nacktkätzchen in der Wurfkiste. Folglich spielen auch

WARM UND WEICH fühlt sich die Haut an.

WIE EIN WILDLEDER-TUCH

Für ihre mittlere Körpergröße sind Sphynx erstaunlich schwer. Ihr Körper ist muskulös. Dazu gehört ein gerundeter Bauch. Das Spannendste ist jedoch die nackte Haut, die einen feinen Flaum erkennen lässt. Streicht man mit den Händen darüber, fühlt sich die Haut angenehm warm und wie ein Wildleder-Tuch an. Die rassetypischen Hautfalten mögen manch einem zwar ungewöhnlich vorkommen, sind laut Standard aber durchaus erwünscht. Besonders rund um die Schnauze, zwischen den Ohren und rund um die Schultern tragen sie zum charakteristischen Bild der Sphynx bei.

völlig normal behaarte Katzen eine Rolle in der Sphynx-Zucht. So zum Beispiel die bchaarte Katze „Jezebel", die in den USA als Meilenstein der modernen Zucht gilt. Die europäischen Linien begründen sich auf den Katzen „Punkie" und „Paloma". Angeblich wurden diese beiden Tiere Ende der 1970er Jahre von einem unbedarften Katzenliebhaber in Toronto entdeckt, wo sie ein Dasein als Straßenkatzen fristeten. Man glaubte zuerst an eine ansteckende Krankheit, aber dann stellte sich heraus, dass es sich bei den Streunern tatsächlich um Sphynxe handelte. Sie wurden nach Holland exportiert, wo sich der Züchter Hugo Hernandez riesig über den nackten Zuwachs freute. Er besaß selbst einen Sphynx-Kater und konnte „frische Gene" gut gebrauchen. Zum Aufbau der Zucht waren und sind Einkreuzungen mit Devon Rex-Katzen erforderlich, um gesundheitlich bedingte Probleme durch einen zu kleinen Genpool zu vermeiden.

So sieht sie aus

TYP Nacktkatze

KOPF etwas länger als breit

AUGEN zitronenförmig, groß, schräg gestellt

KÖRPER mittellang, hart, muskulös, nicht fein

SCHWANZ schlank, breiter im Ansatz

FELL/HAUT erscheint haarlos; kurzer, weicher Flaum möglich; Falten rund um die Schnauze, zwischen den Ohren und rund um die Schultern; Haut fühlt sich an wie ein Wildleder-Tuch

FARBE alle Farbvarietäten, einschließlich aller Farbvarietäten mit Weiß, jeder Weißanteil ist erlaubt

Unbehaart und doch apart

77

ORIENTALEN

aus 1001er Nacht

SIE GELTEN ALS SEHR INTELLIGENT,
EXTREM EINFALLSREICH UND ELEGANT.
DIE ORIENTALEN-FAMILIE HAT EINIGE
GANZ SPEZIELLE SAMTPFOTEN IM
PROGRAMM. EINES IST SICHER: WENN
EIN ORIENTALISCHER STUBENTIGER
EINZIEHT, ÄNDERT SICH ALLES.

DIE ORIENTALEN-
Familie

Abgesehen von Orientalisch Kurzhaar und Siam-Katzen gehören auch Balinesen und Javanesen mit zur Orientalen-Familie und somit zur Kategorie IV der FIFe. Die genetischen Zusammenhänge sind schnell erklärt: Javanesen, die von manchen Verbänden auch als Mandarin oder Orientalisch Langhaar bezeichnet werden, entstanden aus einer Verpaarung von Balinesen und Orientalisch Kurzhaar-Katzen. Sie sind somit eine halblanghaarige Variante der Orientalisch Kurzhaar, während Balinesen Siam-Katzen im halblanghaarigen Gewand verkörpern. Orientalisch Kurzhaar-Katzen sind die einfarbigen Verwandten der Siamesen. Gemeinsam mit den Persern teilen sie sich den Ruf, die traditionellsten exotischen Rassen überhaupt zu sein. Ihnen ist die Existenz zahlreicher anderer Rassen und wunderschöner Farbschläge zu verdanken.

GLEICHER CHARAKTER

Charakterlich ähneln sich die Mitglieder der Orientalen-Familie: Sie haben meistens gute Laune. Oft sind sie sogar übermütig und zu ausgelassenen Spielen und Schabernack aufgelegt. Eine eingerichtete Wohnung bietet jede Menge Möglichkeiten, dem kätzischen Temperament freien Lauf zu lassen. Die wilde Hatz kann schon einmal über Tische und Bänke gehen. Jeder bewegliche Gegenstand wird zum Spielobjekt erklärt.

Doch das vielschichtige Wesen der Schönen mit den geheimnisvollen Augen hat noch andere Facetten: Orientalen verstehen es auch, ganz leise, höflich und zärtlich zu sein. Man kann Stunden mit ihnen auf der Couch verbringen und ihrem beruhigenden Schnurren lauschen. Orientalen vermögen sich voll und ganz auf ihren Menschen einzustellen. Sie folgen ihm auf Schritt und Tritt.

AUSGEPRÄGTE PERSÖNLICHKEITEN

Geselligkeit und ein soziales Wesen werden den schlanken Grazien nachgesagt. Tatsächlich leben Orientalen meistens in einer bunt gemischten Gruppe, ohne dass gleich die Fetzen fliegen. Auch in der Gesellschaft stammbaumloser Hauskatzen und selbst in der Nähe eines katzenfreundlichen Hundes scheinen sich die meisten Vertreter dieser Rasse wohl zu fühlen. Allerdings herrschen beim sozialen Gesellschaftsspiel ganz spezielle Regeln. Regel Nummer 1 lautet: Orientalen haben stets das Sagen. Wer nicht nach ihrer Pfeife tanzt, wird unter Umständen sein blaues Wunder erleben. Schlanke Schönheiten sind eben in vielen Dingen eine Spur schneller als andere Vierbeiner, und da verwundert es nicht, wenn sie sich im Pfotenumdrehen zum Rudelchef machen. Achten Sie darauf, dass alle Katzen genügend Platz haben.

PATCHWORK-FAMILIE Die ganze Vielfalt in einem Wurf: eine blue point-farbene Balinesin mit Siamwurf.

AUF NACH ENGLAND

Glaubt man der Literatur, so sollen um 1850 die ersten Orientalen nach England gelangt sein und dort bei der Cat Fancy gleich für Furore gesorgt haben. Angeblich offenbarte sich der exotische Import in zwei schönen Varianten: Einer blauäugigen Pointed-Grazie mit einer hellen Körperfarbe, die als „Royal Siam" bezeichnet wurde, und der „Foreign", einer einfarbigen Orientalin mit bernsteinfarbenen Augen, bei der einige Katzen-Experten die Möglichkeit einräumen, es könne sich um eine Burma-Katze gehandelt haben.

Während der „Royal Siam" aufgrund der spektakulären Färbung ihrer Points Applaus gezollt wurde, führte die einfarbige Variante in den ersten Jahren ein regelrechtes Stiefkinddasein. Sie ging neben den ebenfalls immer populärer werdenden Russisch Blau, Burma-Katzen und Britisch Kurzhaar-Katzen etwas unter und erntete nicht die Beachtung, die sie verdient hatte. 1902 erfolgte die Niederlegung des ersten Standards. Die gezielte Zucht der Orientalen soll erst in den 1950er Jahren begonnen haben.

GEHEIMNISVOLLER BLICK

Orientalisch Kurzhaar-Katzen haben eine besondere Art, einen Menschen für sich zu erobern. Ihr intelligenter Blick dringt tief in die Seele des Zweibeiners und gewinnt innerhalb kürzester Zeit einen Eindruck davon, ob es sich um einen wohl gesonnenen, katzenfreundlichen Menschen oder um ein Ekel handelt. Binnen weniger Sekunden hat sich die grazile Katze ein Bild ihres Gegenübers gemacht. OKHs sind Meister der improvisierten Invasion. Sie nehmen ihren Menschen voll und ganz in Beschlag und entscheiden höchstpersönlich darüber, wann die Liebkosung eingestellt werden kann. Versucht man, sich der kontaktfreudigen Katze zu entziehen, bevor ihr Durst nach Streicheleinheiten gestillt ist, kann es zu regelrechten Protestaktionen kommen.

Alle Vertreter der Orientalen-Familie sind ausgesprochen frühreife Katzen und verfügen über eine laute Stimme.

- Balinesen S. 82
- Orientalisch Langhaar S. 84
- Orientalisch Kurzhaar S. 86
- Siam S. 88

BALINESEN

Mit der Insel Bali haben die grazilen Schönheiten zwar nichts zu tun, aber immerhin stammt ihr Name daher. Die Wurzel der anmutigen Samtpfoten ist in den Vereinigten Staaten von Amerika zu suchen, wo sich die Rasse vor circa 50 bis 60 Jahren entwickelte. Aus Züchtersicht betrachtet sind Balinesen halblanghaarige Siamesen. Deshalb haben Balinesen auch den gleichen Standard wie Siamesen – abgesehen von den Anforderungen an das Haarkleid. Langhaarige Siamesen hat es vermutlich seit jeher in ansonsten kurzhaarigen Würfen gegeben, nur sprach niemand darüber. Ihre wahre Schönheit sollte erst im Laufe der Zeit bemerkt werden.

„Die Anmut und Grazie dieser Katzen gleicht der balinesischer Tempeltänzerinnen", dachte sich die New Yorkerin Helen Smith, die zu den Pionieren der Balinesen-Zucht gehört, und verhalf der zauberhaften Rasse zu ihrem heutigen Namen. Die erfahrene Siamesen-Züchterin pflegte eine Vorliebe für die langhaarigen Kitten, die sich ab und zu in den Würfen ihrer Siam-Katzen befanden.

DIE PIONIERE DER ZUCHT

Helen Smith gab sich keinen züchterischen Träumereien hin, sondern machte gleich Nägel mit Köpfen: Sie beteiligte sich an einem Zuchtprogramm und trug dazu bei, dass 1961 bereits acht Balinesen auf einer amerikanischen Katzenausstellung gezeigt werden konnten. Sieben Jahre später bewunderte das begeisterte Publikum bereits 23 Vertreter der herr-

BALINESEN sind – rein züchterisch betrachtet – eine halblanghaarige Variante der Siamkatze.

lich eleganten Katzenrasse. Die CFA (Cat Fanciers' Association) sollte die „neue" Rasse noch im selben Jahr (1970) anerkennen, und schon konnten die Balinesen auch im Championstatus gewertet werden. Nachdem Balinesen in den USA für Furore gesorgt hatten, regte sich auch in Europa Interesse an den halblanghaarigen Schönheiten. 1983 erfolgte die Anerkennung durch die FIFe, und der Weg für eine erfolgreiche Zucht mit Ausstellungserfolgen schien geebnet zu sein. Doch wer von einem Bali-Boom geträumt hatte, sollte enttäuscht werden. Es gab in ganz Europa nur eine Handvoll Züchter, die sich der anmutigen Rasse widmete, und daran hat sich bis heute nicht viel geändert. Balinesen gehören nach wie vor zu den seltenen Katzenrassen.

BALINESEN & CO.

Balinesen sind kontaktfreudig und sozial. Sie brauchen Gesellschaft, und zwar jede Menge. Wer berufstätig ist und trotzdem Katzen dieser Rasse hält, sollte auf keinen Fall ein Einzeltier haben. Das Single-Dasein bekommt der unternehmungslustigen Katzenschönheit ganz und gar nicht. Sie würde auf Dauer trübsinnig und depressiv werden. Die Anwesenheit anderer Katzen kann dem vorbeugen; noch besser ist es jedoch, wenn sich der Mensch intensiv um sein Tier kümmern kann.

FRÜHREIF UND LAUTSTARK

Balinesen gehören zu den frühreifen Katzenrassen. Weibliche Tiere durchlaufen nicht selten im zarten Alter von nur sechs Monaten die erste Rolligkeit und auch die Kater erweisen sich früh als „Hormon-Protz". Dies ist der Zeitpunkt, zu dem der unerfahrene Balinesen-Besitzer erstmalig Bekanntschaft mit der lautstarken Stimme der grazilen Schönheit macht. Vergleicht man das Aussehen „moderner" Balinesen mit dem der ersten Zuchttiere, fällt ein Unterschied auf: Das Aussehen hat sich verändert und gleichzeitig an Perfektion und Ausdrucksstärke gewonnen. Regelmäßige Rückkreuzungen mit Siamesen haben dazu beigetragen, dass wir heute halblanghaarige und überaus typvolle Balinesen bewundern dürfen.

So sieht sie aus

TYP orientalisch

KOPF mittelgroß, gut ausgewogen, keilförmig

AUGEN mittelgroß, weder hervorstehend, noch tief liegend, mandelförmig, leicht schräg gestellt; Augenfarbe: ein reines, klares Blau

KÖRPER lang, schlank, bemuskelt, graziös, elegant

SCHWANZ sehr lang, dünn, spitz zulaufend

FELL fein, seidig, mittellang am Körper, etwas länger an der Halskrause, an den Schultern und am Schwanz, kein wolliges Unterfell

FARBE Weiß, Pointed, Tabby Pointed; Points: Maske im Gesicht; Abzeichen an Ohren, Beinen und Schwanz, Farbe der Abzeichen so einheitlich wie möglich

So grazil wie balinesische Tempeltänzerinnen

JAVANESEN

Auch Javanesen, die ebenfalls zur Gruppe der Oriental-Katzen gehören, sind nicht in Java beheimatet. Der romantische Name ist nichts als Schall und Rauch; er ist bestenfalls einer indonesisch angehauchten Vorstellung und den Köpfen britischer Züchter entsprungen. Javanesen, die von manchen Verbänden übrigens auch als Mandarin oder Orientalisch Langhaar bezeichnet werden, entstanden aus einer Verpaarung von Balinesen und Orientalisch Kurzhaar-Katzen. Sie sind somit eine halblanghaarige Variante der Orientalisch Kurzhaar, während Balinesen Siam-Katzen im halblanghaarigen Gewand sind.

BLICKFANG FELL

Javanesen haben nicht nur ausdrucksvolle grüne Augen, sie verzaubern den Betrachter auch mit ihrem feinen und seidigen Haarkleid. Am Körper ist das Fell mittellang, an der Halskrause, den Schultern und dem Schwanz, dessen Form im Idealfall einem puscheligen Federbusch gleicht, ist es ein klein wenig länger. Genau wie auch Balinesen haben Javanesen kein wolliges Unterfell. Wer den täglichen Griff zu Kamm und Bürste scheut, kann aufatmen: Javanesen sind ausgesprochen pflegeleichte Katzen. Gelegentliches Bürsten und Kämmen reicht voll und ganz aus, um dauerhaft einen gepflegten Eindruck zu bewahren. Ein gepflegtes Umfeld, eine gesunde Ernährung, Bewegung und alles, was dem Wohlbefinden zugute kommt, fördert auch die Gesundheit und somit die Eleganz des Haarkleids. Das Wohlbefinden der Katze spielt übrigens eine große Rolle für den optimalen Look. Ein enger Familienanschluss und ganz viel Zuwendung bringen mehr fürs Fell als jede Biotin-Kur. Also: Schmusen, Spielen und Streicheln, was das Zeug hält!

JAVANESEN sind die halblanghaarige Variante der OKH.

OKHS IM HALBLANGHAAR-KLEID

Rein optisch betrachtet, sind Javanesen halblanghaarige Orientalisch Kurzhaar-Katzen. Folglich verfügen sie über den gleichen Standard wie OKHs – abgesehen von den Anforderungen an das halblange Haarkleid, versteht sich. Javanesen sind mittelgroße, schlanke Katzen und vermitteln einen eleganten Eindruck. Die Linien ihres Körpers verjüngen sich und wirken geschmeidig; eine gut sichtbare Muskulatur wird gern gesehen. Der lange, schlanke Körper ist trotz seiner Bemuskelung graziös und elegant. Die Schultern dürfen keinesfalls breiter als die Hüften sein. Der sehr lange, dünne Schwanz, der sich auch am Ansatz nicht wesentlich verbreitert, läuft in einer feinen Spitze aus.

CHARAKTERISTISCHER KOPF

Der mittelgroße Kopf, dessen typvolle Konturen eine züchterische Herausforderung sind, sitzt auf einem langen, schlanken Hals und sollte in Proportion zum Körper stehen und gut ausgewogen sein. Er ist keilförmig und zeigt gerade Linien. Der deutlich sichtbare Keil beginnt an der Nase und verbreitert sich auf beiden Seiten in geraden Linien bis zu den Ohren. Ein sogenannter „Whisker break" ist unerwünscht. Der Schädel der Javanesen ist, im Profil gesehen, leicht konvex. Die lange, gerade Nase verlängert die Linie ohne einen „break". Eine schmale Schnauze und ein mittelgroßes Kinn runden das Erscheinungsbild ab. Die Spitze des Kinns bildet eine vertikale Linie mit der Nasenspitze.
Die großen, zugespitzten Ohren der Javanesen sind ein unübersehbarer Blickfang. Sie sind an der Basis breit und verlängern die Linie des Keils. Die Augen sind von mittlerer Größe und sollten weder hervorstehen noch tief liegen. Sie sind mandelförmig und zur Nase hin leicht schräg gestellt. Hierdurch wird die Harmonie mit den Linien des Keils betont. Javanesen haben wundervolle grüne Augen. Ihre Farbe ist im Idealfall klar, leuchtend und intensiv. Die leichte Schrägstellung der Augen verleiht dem hübschen Gesicht der Javanesen einen sehr orientalischen Ausdruck.

So sieht sie aus

TYP orientalisch

KOPF mittelgroß, ausgewogen, keilförmig

AUGEN mittelgroß, mandelförmig, leicht schräg gestellt; Augenfarbe: ein tiefes Grün

KÖRPER lang, schlank, gut bemuskelt, graziös, elegant

SCHWANZ sehr lang, dünn, spitz zulaufend

FELL fein, seidig, mittellang am Körper, etwas länger an der Halskrause, an den Schultern und am Schwanz, kein wolliges Unterfell

FARBE Solid, Tortie, Smoke; Tabby, Silver-Tabby, Van/Harlekin/Bicolour, Van/Harlekin/Bicolour Smoke; Van/Harlekin/Bicolour Tabby, Van/Harlekin/Bicolour Silver Tabby, gleichmäßige Farbe ohne Tabby-Markierung oder Schattierung bei Non-Agouti-Varietäten

Schlanke Diven im attraktiven Kleid

ORIENTALISCH KURZHAAR

In Ihren vier Wänden regieren Orienta-lisch Kurzhaar-Katzen? Dann wissen Sie das einmalige Wesen und die außerge-wöhnliche Erscheinung dieser unterneh-mungslustigen Mäusefänger sicherlich zu schätzen. Die filigranen Katzen machen dem traditionellen Ruf der Gattung „Samtpfote" alle Ehre, indem sie auf leisen Pfoten und überaus elegant da-herkommen. Es ist tatsächlich ein beson-deres Erlebnis, die Verschmelzung traum-hafter Leichtigkeit und nobler Eleganz zu erleben. Orientalisch Kurzhaar-Katzen sind gelegentlich auf Katzen-Ausstellun-gen anzutreffen, allerdings nicht gerade zahlreich vertreten. Die intelligenten Draufgänger mit den großen Lauschern sind eben keine Massenware, sondern kätzische Raritäten. Und das sich eine so exklusive Katze am liebsten an einen ex-travaganten Menschen anschließt, ist klar.

GANZ SELBSTBEWUSST

Ähnlich wie auch bei Siam-Katzen über-rascht das ausgeprägte Selbstbewusstsein der meisten Orientalisch Kurzhaar-Kat-zen: Sie leiden nicht unter Minderwertig-keitskomplexen oder ähnlichen Hem-mungen. Wer sich ihnen nähert, wird mit entschlossenem Entgegenkommen, schmusigen Übergriffen oder herrsch-süchtigem Revierverhalten begrüßt. Wer den schlanken Schnurrern nicht sympa-thisch ist, hat schlechte Karten. Sie strafen ihn mit herablassender Missachtung. Stimmt jedoch die Chemie zwischen Katze und Mensch, ist das Eis schnell gebrochen. Ehe man sich versieht, reibt sich ein markant geformtes Köpfchen an unserer Hand und fordert uns mit lautem Schnurren zu zärtlichen Streichel-einheiten auf.

EINFARBIG UND WUNDERSCHÖN

Orientalisch Kurzhaar-Katzen sind die einfarbigen Verwandten der Siam-Katzen und gehören zur abwechslungsreichen Familie der Orientalen. Gemeinsam mit Persern teilen sie sich den Ruf, die tradi-tionellsten exotischen Rassen überhaupt zu sein. Ihnen ist die Existenz zahlreicher anderer Rassen und wunderschöner Farbschläge zu verdanken. Im Mittelalter und der Renaissance waren Orientalen angeblich überwiegend in Thailand ver-treten und bei europäischen Katzenfreun-

SILBERPELZ Eine blau getickte Orientalisch Kurzhaar.

den noch gänzlich unbekannt. Es mag den einen oder anderen Reisenden gegeben haben, der tatsächlich einmal in den Genuss kam, einer Vorfahrin der heutigen OKHs in die rätselhaften Augen zu blicken, aber Beschreibungen dieser Art scheinen nicht verbürgt zu sein. Aus thailändischen Schriften ist jedoch bekannt, dass die schlanken Schönheiten zeitweilig den hohen Status einer Nationalkatze innehatten und in adeligen Kreisen geschätzt wurden.

STIMMGEWALTIGE PERSÖNLICHKEITEN

OKHs sind eloquent, lautstark und manchmal auch übertrieben mitteilungsbedürftig. Wie auch den meisten anderen orientalischen Katzenrassen, werden auch jedem einzelnen Orientalisch Kurzhaar-Kätzchen eine Stimmgewalt und ein Mitteilungsbedürfnis in die Wurfkiste gelegt, die es in sich haben. Gewöhnen Sie sich also gleich an den Gedanken, mit einem vierbeinigen Gesprächspartner Ihr Reich zu teilen, der Ihnen mitunter auf Schritt und Tritt an den Fersen klebt und Ihnen viel zu erzählen hat.

So sieht sie aus

TYP elegant mit auffallend großen Ohren

KOPF mittelgroß, keilförmig, gut proportioniert

AUGEN mittelgroß, nicht zu tief liegend, nicht hervortretend, mandelförmig, leicht schräg gestellt; grüne Augen

KÖRPER mittelgroß, lang, schlank, muskulös, elegant

SCHWANZ lang, dünn am Ansatz, endet peitschenartig in einer Spitze

FELL kurz, fein, glänzend, glatt anliegend

FARBE Solid, Tortie, Smoke; Tabby, Silver-Tabby, Van/Harlekin/Bicolour, Van/Harlekin/Bicolour Smoke; Van/Harlekin/Bicolour Tabby, Van/Harlekin/Bicolour Silver Tabby, gleichmäßige Farbe ohne Tabby-Markierung oder Schattierung bei Non-Agouti-Varietäten

Liebenswerte Charmeure mit Fledermausohren.

INTENSIV Dieser Blick dringt in die Seele.

Was an und für sich noch unter die Rubrik „liebenswerte Eigenschaften" fallen könnte, verwandelt sich in ein nervenaufreibendes Drama, wenn sich eine Orientalendame der Rolligkeit hingibt. Eine liebeshungrige orientalische Schönheit, die tagelang rund um die Uhr schreit, ist für die leidgeplagten Ohren kein Zuckerschlecken. Bleibt nur zu hoffen, dass Ihre Wände gut isoliert und Sie mit Ohrstöpseln ausstaffiert sind.

SIAM

Abenteuerliche Märchen und Legenden ranken sich um die Geschichte der Siam-Katze und machen die geheimnisvolle Grazie noch interessanter. So wird berichtet, dass siamesische Prinzessinnen vor dem Bad ihre kostbaren Ringe ablegten und sie über die Schwänze ihrer Katzen schoben, um sie nach der Körperpflege problemlos wiederzufinden. Ein Knick im Schwanz habe dafür gesorgt, dass die wertvollen Schmuckstücke nicht herunterfielen. Eine andere Legende erzählt, dem Katzenpärchen Chula und Tien hätte die Bewachung von Buddhas goldenem Pokal oblegen. Eines Tages zog Kater Tien seines Weges und ließ die Katzendame Chula zurück. Voller Pflichtbewusstsein behielt die schlanke Siamesin, die zu diesem Zeitpunkt guter Hoffnung war, den wertvollen Pokal weiterhin im Blick und schlang ihren langen Schwanz um den begehrenswerten Schatz, damit ihn kein Dieb unbemerkt stehlen konnte. Als ihre Kätzchen zur Welt kamen, offenbarte sich, dass Mamas Aufgabe nicht ohne Folgen geblieben war: Die Kleinen schielten und hatten Knickschwänze.

POWER UND LEBENSFREUDE

Schielende Augen und Knicke gehören in erfolgreichen Züchterkreisen der Vergangenheit an. Ihnen ist es längst gelungen, eine makellose Schönheit zu schaffen, deren zauberhaftes Wesen von vielen Katzenliebhabern geschätzt wird. Mit einer Siam-Katze ist man nie mehr allein. In der Regel schätzen die schlanken Vierbeiner die Anwesenheit ihres Menschen und halten sich prinzipiell in dem Raum auf, in dem sich auch ihre Bezugsperson befindet. Ihre Geselligkeit ist mit einer ausgeprägten Kommunikationsbereitschaft gepaart: Fröhliches Geplauder mit kräftiger Stimme gehört zum Siamesen-Alltag. Eine rollige Kätzin kann sich allerdings als Zerreißprobe für die Nerven entpuppen. Klettern und Springen sind für Siam-Katzen wichtige Bedürfnisse. Voller Lebhaftigkeit turnen die grazilen Athleten durchs Haus und lassen keine Klettermöglichkeit ungenutzt.

UMSTRITTENE SCHÖNHEIT

Das extreme Aussehen der Siamesen sorgt nach wie vor für Kontroversen: Für die einen ist sie die schönste Katze der Welt, andere empfinden die im extremen Schlanktyp stehende Grazie mit ihrem

SIE WEISS was sie will, die blue point-farbene Siamesin.

WUNDERSCHÖN auch in Chocolate Point.

Alles deutet darauf hin, dass die aus dem heutigen Thailand stammenden Siam-Katzen schon vor langer Zeit als Tempel-Katzen verehrt wurden. Die Bezeichnung „Edle Monddiamanten", die in vielen Schriftstücken auftaucht, lässt keinen Zweifel daran, dass Siamesen seit jeher als etwas Besonderes erachtet wurden. Allem Anschein nach war die Rasse auch in Siam – beziehungsweise Thailand – relativ selten und nur bei wohlsituierten Familien anzutreffen.

dreieckigen Kopf und den auffallend großen Ohren einfach als höchst unattraktiv. Diese Situation ist für die Zucht nicht neu. Seit ihrem ersten Erscheinen in Europa (circa 1871) sorgten die eleganten Maskenkatzen für Aufsehen und spalteten die Nation. Schon damals gab es lebhafte Kontroversen um die außergewöhnliche Rasse, die sowohl als „die Alptraumkatze mit dem Mardergesicht" als auch mit der Bezeichnung „elegante Schönheit aus dem fernen Thailand"
beschrieben wurde.

THAILÄNDISCHE WURZELN
In der Thai-National-Bibliothek in Bangkok stößt man auf einen Hinweis, der als Beschreibung einer Siam-Katze gewertet werden kann. Hierbei handelt es sich um das älteste Katzenbuch der Welt, ein Schriftstück, das zwischen 1350 und 1767 vervollständigt wurde. Darin findet man eine Beschreibung, die eine helle Katze mit dunklen Abzeichen an Schwanz, Pfoten und Ohren schildert, die mit dem klangvollen Namen Vichien Mas bezeichnet wird.

So sieht sie aus

TYP elegant

KOPF mittelgroß, keilförmig, gut proportioniert

AUGEN mittelgroß, mandelförmig, leicht schräg gestellt; die Augen zeigen ein leuchtendes, tiefes Blau

KÖRPER mittelgroß, lang, schlank, muskulös, elegant; Schwanz lang, dünn am Ansatz, endet peitschenartig in einer Spitze

FELL kurz, fein, glänzend, glatt anliegend

FARBE Varietäten: Weiß, Pointed, Tabby Pointed; Points: Maske im Gesicht; Abzeichen an Ohren, Beinen und Schwanz, Farbe der Abzeichen so einheitlich wie möglich, Siam Seal-Point, Siam Chocolate-Point, Siam Blue-Point, Siam Lilac-Point, Siam Red-Point, Siam Creme-Point, Siam Tabby-Point, Siam Tortie-Point

Eine ganz große Persönlichkeit

UND SONST?

Weitere Schönheiten

ES GIBT VERSCHIEDENE
KATZENZUCHTVERBÄNDE,
DIE NICHT IMMER DIESEL-
BEN RASSEN ANERKENNEN.
SO SCHNURREN BEI DER
WORLD CAT FEDERATION
(WCF) AUCH KATZEN, DIE
BEIM WELTDACHVERBAND
FIFE UNBENANNT BLEIBEN.
DAZU GEHÖREN MÄUSE-
FÄNGER MIT GEKRÄUSELTEM
FELL, LANGHAARIGE
BRITEN UND FALTOHRIGE
SCHMUSER.

RASSEN
mit WCF-Anerkennung

Während sich der altehrwürdige Weltdachverband FIFe bei der Anerkennung neuer Katzenrassen eher konservativ zeigt, ist die World Cat Federation (WCF) weitaus experimentierfreudiger. Bei diesem in Deutschland beheimateten Dachverband sind viele wunderschöne Rassen anerkannt, die immer beliebter werden. Und deshalb dürfen sie auch in diesem Buch nicht fehlen.

FALTOHREN UND LANGHAARIGE BRITEN

Angefangen mit der Highland und der Scottish Fold, deren Zucht anspruchsvoll ist und Kompetenz voraussetzt. Sicherlich stoßen Faltohren nicht bei allen auf Gegenliebe, aber ein liebenswertes Wesen haben diese Rassen allemal. Während die Highland Fold zur zweiten Gruppe (Halblanghaar-Katzen) der WCF gehört, ist die Scottish Fold in der dritten Gruppe (Kurzhaar-Katzen) angesiedelt.

Ebenfalls zur Halblanghaar-Gruppe gehört die Nebelung, die in manchen Verbänden auch als Highlander, Lowlander oder Britannica bezeichnet wird. Genau genommen handelt es sich hierbei um langhaarige Britisch Kurzhaar-Katzen, auch wenn das paradox erscheinen mag. Das lange Fell ist der Einkreuzung von Persern zu verdanken. Allerdings sind Nebelung-Katzen längst nicht so pflegeintensiv wie die plattnasigen Verwandten.

EDLES LILAC eine Thai-Katze. Thais erfreuen sich zunehmender Beliebtheit.

OPULENTES FELL eine Britisch Langhaar.

STARS MIT KURZEM FELL

Und was hat die WCF-Kurzhaar-Gruppe zu bieten? Eine ganze Menge. Zum Beispiel die fröhlichen Anatolis, deren offizielle Anerkennung noch gar nicht lange zurückliegt. Seitdem finden die fleißigen Mäusefänger aus der Türkei auch in Deutschland immer mehr Freunde. Eher rückläufig ist hingegen die Entwicklung der Bombay-Katzen, die ebenfalls zur Kurzhaar-Gruppe der WCF gehören. Die lackschwarzen Mini-Panther mit den kupferfarbenen Knopfaugen sind in Europa fast nicht mehr existent. In den USA gibt es noch einige Züchter, aber ob das ausreicht, um die Bombay-Zucht zu erhalten, ist ungewiss.

Ebenfalls extrem selten sind Kanaanis, deren Ursprung in Israel liegt. Seit dem Jahr 2000 offiziell durch die WCF anerkannt, hat diese Rasse viele Höhen und Tiefschläge erlitten. Inzwischen ist es gelungen, einen Wildkatzentyp mit Schmusefaktor zu züchten. Kanaanis sind ausgesprochen intelligent und umtriebig. Sie mögen keine Wildkatzen, sondern eher verschmuste Lockenteddys? Dann könnten Selkirk Rex-Katzen genau das Richtige für Sie sein. Die WCF ergänzt die Rexkatzen-Gruppe (German Rex, Cornish Rex, Devon Rex) durch diese halblanghaarigen oder kurzhaarigen Stubentiger. Zurzeit dürfen noch Perser, Exotic Shorthair und Britisch Kurzhaar zum Gelingen der recht jungen Rasse beitragen. Doch bald schon ist damit Schluss. Dann müssen Selkirks auf eigenen Beinen stehen und sich als eigenständige Rasse behaupten.

KURZHAAR-GRUPPE 2

Im Gegensatz zur FIFe gibt es bei der WCF eine zweite Kurzhaar-Gruppe, zu der die Mekong Bobtail, Orientalisch Kurzhaar, Peterbald-Katzen, Siam, Tonkanesen und Thai-Katzen gehören. Thai-Katzen sind nicht nur ausgesprochen schön, sondern auch extrem anschmiegsam und gesellig. Deshalb verwundert es nicht, dass sie in Europa immer beliebter werden.

Mekong Bobtail, Peterbald-Katzen und Tonkanesen sind äußerst selten. Siam und Orientalisch Kurzhaar sind auch durch die FIFe anerkannt. Deshalb sind ihre Porträts im vorderen Teil des Buches vertreten (siehe Seite 88 und 86).

BOMBAY

Es steht schlecht um die Bombay-Katze. Europaweit gibt es eine Handvoll Züchter und weltweit sieht es nicht viel besser aus. Die meisten Bombays sind zudem keine Zuchttiere. Seitdem die große Dame der Bombay-Zucht – die deutsche Züchterin Hilde Frank – verstorben ist, muss man detektivische Fähigkeiten entwickeln, um noch etwas über das Schicksal der panthergleichen Samtpfoten zu erfahren. Würfe sind rund um den Globus sehr selten geworden. Die amerikanische Rasse ist ursprünglich aus der Kreuzung zwischen einer sable/braunen Burma und einer schwarzen Amerikanisch Kurzhaar-Katze entstanden.

Bombays fühlen sich in einer katzengerecht eingerichteten Wohnung ebenso wohl wie in einem Lebensraum, der auch Freigang im Garten ermöglicht. Liebhaber der Rasse schätzen die Ruhe und Ausgeglichenheit der kohlschwarzen Charmeure, wissen aber auch, dass sich die selbstbewussten Persönlichkeiten eher an einen Hund im Haushalt als an Artgenossen gewöhnen. Ihre angeborene Dominanz kann in handfesten Unterdrückungskämpfen gipfeln und auf Dauer ganz schön an den Nerven der Zweibeiner zerren.

KLEINE INTELLIGENZBESTIEN

Bombay-Katzen wird ein kluges Köpfchen nachgesagt. Sie suchen ständig Kontakt zu ihren Menschen, wollen Streicheleinheiten kassieren, sanft gebürstet werden und sich ausgelassenen Spielen hingeben.

Viele lernen die tollsten Kunststücke: Auf Kommando auf den Schrank springen, Spielsachen apportieren oder mit Schwung über die ausgestreckten Arme des Menschen springen. All das ist für manche Bombays das reinste Kinderspiel. Interessanterweise lernen die meisten Mini-Panther problemlos an der Leine zu gehen. Sie freuen sich über kleine Spaziergänge mit ihrem Besitzer.

Es gibt eine weitere Eigenart, die sich die schwarzen Samtpfoten mit ihren Verwandten, den Burmesen, teilen: Sie lieben die Wärme und verschwinden begeistert unter Federbettdecken oder anderen kuscheligen Utensilien.

DIE BOMBAY ist sehr selten.

GESPRÄCHIG

Die ausgeprägte Stimme der Bombay-Katze mag nicht jedermanns Sache sein, aber sie ist längst nicht so aufdringlich wie die der Siamesen. Gesprächigkeit ist ein wichtiges Rassemerkmal, an das man sich als Besitzer eines Wohnzimmer-Panthers gewöhnen muss. Es soll auch Rassevertreter geben, deren akustisches Mitteilungsbedürfnis sich in Grenzen hält, aber sie zählen zu den Ausnahmen. Als frühreife Rasse erreichen Bombays meistens schon im Alter von sechs bis neun Monaten die Geschlechtsreife. Die körperliche Entwicklung verläuft jedoch langsamer. Ein Kater ist erst im Alter von zwei Jahren voll entwickelt und in seiner ganzen Schönheit zu bewundern.

WIE ALLES BEGANN

„Bagheera", der schwarze Panther aus R. Kiplings „Dschungelbuch", steht am Anfang der in den 1950er Jahren beginnenden Rassegeschichte der Bombay-Katze. Die „Urmutter" der Rasse, die in Kentucky lebende (und inzwischen verstorbene) Amerikanerin Nikki Horner, schwärmte für die berühmte Romanfigur und entschloss sich, ihren Traum vom Mini-Panther zu verwirklichen. Der Wunsch, eine Rasse zu kreieren, die vom Phänotyp her an einen Panther erinnert, ließ der amerikanischen Züchterin keine Ruhe mehr. Sie wollte eine Katze züchten, deren hervorragend entwickelte Muskulatur, Geschmeidigkeit und Eleganz den Vergleich mit der großen schwarzen Raubkatze wagen konnte. Sie erreichte ihr Ziel: 1970 erfolgte tatsächlich die Anerkennung der Rasse durch die CFA (Cat Fanciers' Association).

MINI-PANTHER aus dem Dschungelbuch.

So sieht sie aus

TYP mittelgroß

KOPF gefällig gerundet; volles Gesicht mit beträchtlicher Weite zwischen den Augen; weicher Übergang in eine breite, mäßig gerundete, gut entwickelte Schnauze; gemäßigter, gut sichtbarer Stopp

AUGEN rund, weit auseinander gesetzt

KÖRPER mittelgroß, muskulös, weder kompakt noch lang

SCHWANZ mittellang, gerade

FELL satinartige Struktur, dünn, eng anliegend, glänzend

FARBEN bei ausgewachsenen Katzen sollte das Fell bis zur Haarwurzel schwarz durchgefärbt sein; Nasenspiegel und die Unterseiten der Pfoten müssen schwarz sein

Mini-Panther mit kupferfarbenen Knopfaugen.

BRITISCH LANGHAAR

Langhaarige Briten verbergen sich hinter zahlreichen fantasievollen Namen: Lowlander, Highlander und auch Britannica zählen zu den populärsten Namensvarianten der BLH, die – abhängig vom jeweiligen Verein oder Zuchtverband – bevorzugt werden. Ganz gleich, ob Sie ausschwärmen, um einen Lowlander, einen Highlander oder eine Britannica zu erwerben: Sie werden auf jeden Fall auf ein herzallerliebstes, wuscheliges Tierchen treffen, das Sie mit seinen ausdrucksvollen Kulleraugen vorwitzig anblickt und nach ausgiebigem gegenseitigen Beschnuppern bereit zum Schmusen und Herumtollen ist. Obwohl sich die reizenden Wesen mit dem zum Streicheln einladenden Fell europaweit wachsender Beliebtheit erfreuen, sind langhaarige

Briten längst nicht von allen Vereinen anerkannt. TICA und CFA glänzen mit einem einheitlichen Stammbaum, während der 1. DEKZV und auch die DRU nach wie vor auf eine offizielle Anerkennung warten lassen. Im 1. DEKZV erhalten Lowlander & Co. einen auf „andere Langhaar" lautenden Stammbaum, der zugleich mit einer Zuchtsperre versehen wird. Da heißt es: Aus der Traum vom langhaarigen Briten. Die Existenz der langhaarigen Schönheiten ist folglich der Einkreuzung von Perser-Katzen in die Britisch Kurzhaar-Zucht zu verdanken, die eigentlich nur viele schöne Farben bescheren sollte, natürlich aber auch das Langhaar-Gen importierte. Das Ergebnis: Auch bei der Verpaarung zweier kurzhaariger Briten konnten plötzlich langhaarige Kätzchen auftreten. Was die einen als unerwünscht bezeichneten, versetzte andere in Verzückung.

WESEN

Das Wesen der langhaarigen Schnurrtiger vereint den Stolz und das Temperament der kurzhaarigen Briten mit der Ruhe und Gemütlichkeit der Perser. Aber in einem Punkt unterscheiden sich die charmanten Wuschel von diesen: Zum Glück ist echtes Lowlander-Fell bei Weitem nicht so pflegeintensiv wie das der Perser-Katzen, weil es nicht über eine so üppig ausgeprägte Unterwolle verfügt. Was das Zärt-

MIT HALSKRAUSE ein Britisch Langhaar-Kater.

lichkeitsbedürfnis angeht, bestehen keine Unterschiede: Ein Tag, an dem nicht ausgiebig geschmust wird, wäre für einen Highlander ganz und gar kein guter Tag. Ein reger Austausch körperlicher Nähe, sanftes Köpfchengeben, leises Schnurren und viele Streicheleinheiten vonseiten des Besitzers müssen einfach sein.

PFLEGE

Zärtliches Streicheln oder das Bürsten mit einer weichen Bürste (ein- bis zweimal pro Woche) werden von den meisten Britisch Langhaar-Katzen genossen. Auf dem Arm oder dem Schoß fühlen sich allerdings nicht alle wohl. Die meisten Vertreter der schnurrenden Zunft ziehen es vor, sich die meiste Zeit des Tages in der Nähe ihres Menschen aufzuhalten oder sich auf einer gemütlichen Couch stundenlang eng an ihn zu schmiegen. Besonders aufdringliche Exemplare verfolgen ihre Bezugspersonen auf Schritt und Tritt und wollen möglichst bei allen Handlungen des Alltags dabei sein. Sobald dieser „Sport" langweilig geworden

ist, rollen sich die anschmiegsamen Schönheiten wieder gemütlich schnurrend an ihrem Lieblingsplätzchen zusammen und strahlen eine beruhigende Gelassenheit aus, die sich auf alle Anwesenden überträgt.

HIGHLANDER in Black Torbie Classic White.

So sieht sie aus

TYP gedrungen

KOPF rund, massiv, breiter Schädel

AUGEN groß, rund, weit geöffnet, weit auseinandergesetzt

KÖRPER muskulös, breite Brust und Schultern; starker, kräftiger Rücken

SCHWANZ kurz und dick, leicht gerundete Spitze

FELL halblang, gerade, dicht, vom Körper abstehend, nicht lang und fließend, Kragen und Höschen erwünscht; plüschige Textur, dicht, erweckt einen schützenden Eindruck. Die Textur kann in anderen Farben als Blau leicht abweichen.

FARBEN Weiß, Schwarz, Schwarz-Schildpatt, Blau, Blau-Schildpatt, Chocolate, Chocolate-Schildpatt, Lilac, Lilac-Schildpatt, Rot, Creme, alle bis hierhin erwähnten Farben mit Weiß als Bicolour oder Tricolour, Colourpoint in allen genannten Farben (außer mit Weiß) und zusätzlich Tabby, Silver-Shaded und Chinchilla mit schwarzem, blauem oder rot-creme-farbenem Tipping, Smoke, Golden-Shell und Shaded in Schwarz oder Blau; alle Farben zusammen mit allen verschiedenen Tabby-Mustern

SCOTTISCH UND HIGHLAND FOLD

Ob eine Katze mit Faltohren besonders niedlich oder abstrus wirkt, ist eine Frage des Geschmacks. Die liebenswerten Vierbeiner mit den ausdrucksvollen Eulengesichtern sind diese Diskussion gewöhnt. Seitdem es Faltohrkatzen gibt, teilen sich die Liebhaber der Rasse und ihre Gegner in zwei Lager. Es steht außer Frage, dass es sich bei dem Phänomen Faltohr um eine Mutation handelt, was keinesfalls gezwungenermaßen eine gesundheitliche Benachteiligung nach sich zieht.

Manche Mutationen provozieren Störungen, die sich auf die Gesundheit und Lebenserwartung eines Lebewesens auswirken können, andere treten lediglich als äußerliches Merkmal in Erscheinung, ohne auf das betroffene Tier einen negativen Einfluss auszuüben.

HARMONISCHER TYP

Scottish Folds, die auf schottische Bauernhofkatzen zurückgehen, bieten ein harmonisches Bild. Ihr gut gerundeter Kopf,

SCHLECHTE LAUNE? Die wie angelegt wirkenden Ohren können mitunter für Missverständnisse sorgen.

der in einen kurzen Nacken übergeht, wird durch ein kräftiges Kinn, gut ausgebildete Kiefer und dicke Wangen ergänzt. Bei Katern sind die Wangen ganz besonders stark ausgeprägt. Die Schnauze zieren gut gerundete Schnurrhaarkissen. Die großen, runden, weit geöffneten Augen vermitteln einen lieblichen Ausdruck und werden durch einen breiten Nasenrücken voneinander getrennt. Die Augenfarbe sollte stets gut zur Fellfarbe passen. Die kurze Nase weist eine leichte Kurve auf. Die Ohren – der eigentliche Blickfang der Rasse – sind vorwärts und abwärts gefaltet. Der Standard bevorzugt kleinere, besonders eng gefaltete Ohren. Typvolle Ohren liegen wie ein Käppchen über dem Kopf und unterstreichen die Rundung des Schädels. Auch der mittelgroße Körper mit seinem mittelschweren Knochenbau wirkt von der Schulter bis zum Becken gerundet und ebenmäßig. Kurze, verdickte oder derb gebaute Beine, die womöglich noch die Beweglichkeit einschränken, sind absolut unerwünscht.

Der spitz zulaufende Schwanz der Scottish Fold sollte mittellang bis lang sein und in guter Proportion zum Körper stehen. Seine Beweglichkeit ist ein wichtiges Kriterium. Ideales Fell ist dicht, plüschig, von mittlerer Länge, weich und zeigt eine lebendige Textur. Es sollte keinesfalls eng anliegen, sondern dicht und leicht vom Körper abstehen. Die Felltextur wird von Farbe und Jahreszeit mitbestimmt. Die Farben der Scottish Fold entsprechen den gängigen Perser-Farben mit passender Augenfarbe sowie jegliche andere Farben und Musterungen. Auch Siam-Zeichnung, Chocolate, Lavender und Kombinationen aus diesen Farben werden anerkannt.

So sieht sie aus

TYP harmonisch

KOPF gerundet, dicke Wangen, gut gerundete Schnurrhaarkissen

AUGEN weit geöffnet, groß, rund, liebenswerter Ausdruck

KÖRPER mittelgroß, gerundet, ebenmäßig, mittelschwerer Knochenbau

SCHWANZ mittellang bis lang

FELL Scottish Fold: dicht, plüschig, mittelkurz; Highland Fold: halblang, weiche, lebendige Textur, Halskrause und Höschen

FARBEN wie Perser-Farben mit passender Augenfarbe sowie jegliche andere Farbe und Musterung

Die richtigen Katzen für Freunde von Faltohren

HIGHLAND FOLD

Die Highland Fold ist die halblanghaarige Variante der Scottish Fold. Die Textur ihres Fells ist weich. Besonders typvolle Exemplare zeigen eine schöne Halskrause und üppige Höschen. Highland Folds wurden in Deutschland erst 1987 bekannt, als das halblanghaarige, faltohrige Kätzchen „Bambina" aus einer Verpaarung zweier kurzhaariger Katzen entstand. Es folgten Verpaarungen mit British Shorthairs, die die Veranlagung für langes Haar trugen, und Perser-Katzen. Scottish und Highland Folds existieren auch in der Straight-Variante mit ganz normalen Ohren.

SELKIRK REX

Sie sind mit lustigen Löckchen übersät und sehr neugierig. Selkirk Rex-Katzen, eine Rasse, die es erst seit 1987 gibt, gelten als häusliche Wohnungskatzen, die sich hervorragend in das Leben ihrer zweibeinigen Familie integrieren. Ihr außergewöhnlicher Look prädestiniert die verschmusten Samtpfoten für Menschen, die das Besondere lieben. Freunde der extravaganten Rasse beschreiben die wuscheligen Lockenteddys als liebevoll, unkompliziert, intelligent und faszinierend außergewöhnlich. Was will man mehr? Eine Katze mit ausgeprägtem Spieltrieb vielleicht? Auch das können „Kirkis" bieten. Spielen ist für sie mindestens genauso wichtig wie ausgelassenes Herumtollen, akrobatische Kletter-Stunts und waghalsige Sprünge. An Bewegungsfreude und Unternehmungsgeist mangelt es den Lockenschöpfen nicht. Nur eines können sie nicht leiden: Langeweile.

REINZUCHT

Da „Kirkis" eine relativ junge Rasse sind, sind Einkreuzungen nach wie vor erlaubt. Perser und Britisch Kurzhaar dürfen am Genpool mitwirken und laut CFA-Standard sind auch Exotic Shorthairs mit von der Partie. Lockige Samtpfoten, die vor dem 1. Januar 1998 geboren wurden, brauchen ihre American Shorthair-Verwandtschaft nicht zu leugnen. Ab 2010 sind jedoch nur noch Selkirk- oder Britisch Kurzhaar-Eltern erlaubt; ab 2015 wollen Selkirks endgültig unter sich bleiben. Dann wird sich zeigen, ob die Rasse auf eigenen Beinen stehen kann. Ziel des Ganzen ist ein gedrungener, ausbalancierter Körpertyp, der eher an Britisch Kurzhaar als an Perser denken lässt. Die Locken sollen in lockerer Anordnung fallen und einen runden, muskulösen Körper zieren. So weit die Theorie. „Kirkis" gibt es zurzeit noch in unterschiedlichen Fellvarietäten: Manche haben feines, andere kräftigeres Haar – auch kürzere und längere Locken sind vertreten. Die schicke Lockenpracht bedarf der Pflege, weil sie sonst verfilzen könnte. Feinhaarige Exemplare sollten täglich gebürstet werden, Samtpfoten mit einer gröberen Fellstruktur geben sich auch mit wöchentlicher Pflege zufrieden.

BLUE SILVER SHADED ist eine besonders aparte Farbe.

EIN SELKIRK-KÄTZCHEN in Red White.

lasten sollten. Doch man gab nicht auf. Aufgrund eines Artikels in einer französischen Fachzeitschrift wurde die Selkirk Rex auch in diesem Land berühmt. Schon begann auch dort die Zucht und so kam es, dass die ersten Selkirk-Importe nach Deutschland aus Frankreich erfolgten. Seit 1995 gibt es auch in Deutschland vermehrt Selkirk Rex-Katzen. Noch immer steht die Erweiterung des Genpools im Vordergrund der Zucht, und wenn sich ausschließlich verantwortungsbewusste Züchter um die Rasse bemühen, werden die Probleme der Anfänge der Zucht sicherlich bald in Vergessenheit geraten.

URSPRUNG TIERHEIM

Alles begann in einem amerikanischen „Animal Shelter" (Tierheim), in dem Katzen und Hunde laut Gesetz getötet werden dürfen. Ein kleines Hauskätzchen entgeht der Todesspritze, weil seine ungewöhnliche Fellstruktur die Aufmerksamkeit der Tierheimleiterin auf sich zieht. „Miss de Pesto", so nannte man die kleine Katzendame, gelangte zu einer amerikanischen Züchterin, die ihren Perser-Kater mit dem inzwischen herangewachsenen Hauskätzchen verpaarte. Drei der sechs aus dieser Verpaarung entstandenen Kätzchen hatten ebenfalls gelocktes Fell. Eine Kombination aus Locken- und Langhaarfell hatte die Züchterin noch nicht gesehen und begann ein Zuchtprogramm. Rückverpaarungen ergaben ein trauriges Ergebnis: Ein Großteil der Kätzchen starb im Alter von wenigen Wochen an allergischen Reaktionen, die noch in den folgenden Jahren die Pionierarbeit der Züchter be-

So sieht sie aus

TYP eine große Katze von gedrungenem Typ mit gewelltem Fell

KOPF gerundeter, massiver, breiter Schädel mit massivem Kinn; kurze, breite, gerade Nase

AUGEN groß und rund, weit gesetzt; Farbe: passend zur Fellfarbe

KÖRPER mittelgroß bis groß, muskulös, gedrungen; massive Brust, Schulter und Rücken

SCHWANZ mittellang, dick, gerundete Schwanzspitze

FELL kurz, plüschartig, doppelt, dichte Unterwolle, ausgeprägte Wellen

FARBEN Alle Farben und Muster sind anerkannt, jeder Weißanteil ist erlaubt.

Sympathische Katzen im Flokati-Look

SINGAPURA

Die hübsche Katze mit dem reizenden Puppengesicht gilt als kleinste Katzenrasse Europas. Weibliche Rassevertreter bringen oft gerade mal zwei Kilogramm auf die Waage, Kater etwas mehr. Ihre Vorfahren stammen angeblich aus Singapur, wo sie den Spitznamen drain cats (Abflussrohr-Katzen) hatten, weil sie dort in solchen Rohren jagten und lebten. In den 70er Jahren des letzten Jahrhunderts erfolgte der erste Import in die USA – durch Tommy Meadow – und der Aufbau der Zucht. So romantisch diese Geschichte klingt, so wenig belegt ist ihre Richtigkeit. Dennoch gibt es sie heute, die Singapura, deren Wesen als gesellig, hoch aktiv und eigensinnig gilt. Intelligenz, Freundlichkeit und Mut sind ihr ebenfalls eigen. Ihre Zucht erfolgte wohl gezielt, wenn vielleicht auch tatsächlich unter Einkreuzung malaiischer Straßenkatzen. Die Hauptrolle spielten jedenfalls Burmakatzen und Abessinier. Ende der 80er Jahre gelangten die ersten Singapuras nach Europa.

ROBUSTE WINZLINGE

Singapuras sind relativ kleine, jedoch kräftig und kompakt gebaute Katzen, was sie trotz ihrer geringen Größe recht robust wirken lässt. Auffallend sind der gerundete Brustkorb und der leicht gewölbte Rücken. Die muskulösen, mittellangen Beine passen gut zum Körper. Von oben nach unten verlaufen sie gleich-

DIE SINGAPURA ist die kleinste Katzenrasse Europas. Sie ist gesellig, sehr aktiv und eigensinnig.

WER SCHLEICHT DENN DA? Die Singapura ist der perfekte Jäger, ein Raubtier im Miniatur-Format.

mäßig schmaler und gehen in formschöne, ovale Pfötchen über. Der mittellange Schwanz besticht durch seine Schlankheit und die runde Spitze. Am Kopf fällt die kurze, breite, abgesetzte Schnauze auf. Das leicht geschwungene Profil weist eine leichte Einbuchtung unterhalb der Augen auf. Auf dem gerundeten Kopf prangen sehr große, mittelhoch gesetzte Ohren mit einem breiten Ansatz. Die dezent nach vorne geneigten Ohren zeigen leicht abgerundete Spitzen und helle Haarbüschel im Innenohr. Groß sind nicht nur die Ohren der Singapura, sondern auch ihre Augen. Mindestens eine Augenbreite weit sollten sie auseinandergesetzt sein. Farblich variiert das herrliche Angebot der Augen von Gelbgrün über Gelb bis hin zu Haselnussbraun.

WUNDERBAR DICHTES FELL

Das kurze, dichte, feine Fell fühlt sich ganz wunderbar an, wenn man sanft darüber streicht. Das Haar liegt eng am Körper an, wobei jedes einzelne eine vorzugsweise dreifache Bänderung aufweist. Erwünscht ist ein gleichmäßiges, streifenfreies Ticking über den ganzen Körper. Entlang der Wirbelsäule führt ein dunkler Aalstrich und auch die Schwanzspitze sowie die Sohlen der Hinterbeine zeigen

Tickingfarbe. An Brust und Bauch gibt es kein Ticking, hier dominiert die Basisfarbe. Leichte Streifen auf den Innenseiten der Beine werden nicht als Fehler gewertet. Sepia-Agouti ist die typische Farbe der Singapura. Das entspricht einer edlen Elfenbeinfarbe mit einer warmen, braunen Bänderung. Was hervorragend dazu passt, ist der lachsfarbene Nasenspiegel mit der sealfarbenen Umrandung. Seal ist auch die Farbe der Fußballen.

So sieht sie aus

TYP eine kleine Katze

KOPF gerundet, mit kurzer, breiter, abgesetzter Schnauze

AUGEN groß und gerundet, gelbgrün, gelb oder haselnussbraun

KÖRPER kräftig und kompakt gebaut

SCHWANZ mittellang, schlank, leicht gerundete Spitze

FELL kurz, dicht und fein

FARBEN Sepia-Agouti

Die Kleine mit dem Püppchengesicht

THAI-KATZE

Man fühlt sich in die Siam-Zuchtszene der 1950er Jahre zurückversetzt, wenn man in die tiefblauen Augen einer Thai-Katze blickt. Die große, robuste Katze mit einem betont runden Kopf erinnert an eine frühe Form der Siam-Katze, die nur noch wenig mit den Zielen der modernen Siam-Zucht gemein hat. Extreme Schlankheit, hohe Beine, dünne Gliedmaßen, ein schmaler Schwanz und der Keilkopf sind charakteristische Merkmale einer modernen Siam-Katze. Thai-Katzen sind insgesamt robuster gebaut, wobei sie dennoch elegant und keinesfalls plump wirken. Ausgewogene, rundliche Proportionen und eine kräftige Muskulatur verleihen ihnen einen athletischen Körperbau. Ihre gerundete Kopfform ist besonders markant und trug dazu bei, dass Thai-Katzen in den USA auch als „Appleheads" bezeichnet werden. Allerdings sind auch die Rassebezeichnungen „Traditional Siamese" und „Classic Siamese" geläufig.

SCHLANKE GRAZIEN

Anfang der 1960er Jahre vollzog sich der erste Einschnitt innerhalb der Siam-Zucht: Immer mehr Richter und Züchter favorisierten extrem schlanke Siam-Katzen. Viele Liebhaber des alten Typs zogen

THAI-KATZEN in Lilac Point wirken besonders zart und edel. Thais gelten als ursprüngliche Siamesen.

sich enttäuscht aus dem Ausstellungs-
leben zurück. Dieser Trend dauerte fast
20 Jahre. Erst 1986 konnte man wieder
Siamesen des alten Typs auf Ausstellungen in den USA bewundern. Diese Wende
ist der unermüdlichen Arbeit einiger
Züchter zu verdanken, die den Glauben
an eine traditionelle Siam-Katze nicht
verloren haben. Die Abspaltung von der
modernen Siam-Zucht vollzog sich nur
langsam. Ein kleiner, überwiegend in den
USA beheimateter Züchterkreis erachtete
die immer extremer werdende Form der
Siamesen als bedenklich und entschloss
sich dazu, eine gegenläufige Zuchtbe-
wegung zu initiieren. Die Anhänger der
traditionellen Siam-Variante orientierten
sich an Exemplaren, die in den 1950er
Jahren für begeisterten Applaus auf Katzenausstellungen gesorgt hatten. Die
Gründung der Traditional Cat Association (TCA) trug dazu bei, den traditionellen Siam-Typ vor dem Aussterben zu
bewahren. Da es nur eine begrenzte Anzahl zuchttauglicher Tiere gab, die dem
Ideal des alten Siam-Typs entsprachen,
musste man auf Outcross-Programme
zurückgreifen: Die Einkreuzung von
Europäisch Kurzhaar-Katzen führte zu
einer Veränderung des orientalischen
Schlanktyps. Offensichtlich trugen auch
Tonkanesen dazu bei, der Siam-Katze ihr
ursprüngliches Aussehen wiederzugeben.
Innerhalb kurzer Zeit präsentierten sie
Katzen, die dem angestrebten Typ entsprachen. Obwohl die züchterische Arbeit
auf Hochtouren lief, ließ die Anerkennung der Thai-Katze auf sich warten:
Erst 1990 wurde der US-Standard auch
für Deutschland vom Dachverband
World Cat Federation (WCF) anerkannt.

So sieht sie aus

TYP mittelgroß

KOPF gerundet, nicht eingefallen, betonte Wangen und Stirn

AUGEN mittelgroß, weit auseinander-stehend, mandelförmiges Oberlid, rundes Unterlid

KÖRPER mittelgroß, gut entwickelte, kräftige Muskulatur, solide, gut strukturiert

SCHWANZ zum Körper passend, am Ansatz breiter als an der Spitze

FELL fest, griffig, eng anliegend

FARBEN Seal-Point, Blue-Point, Chocolate-Point, Lilac-Point, Red-Point, Tortie-Point, Tabby-Point. Thais sind Pointkatzen mit Siam-Abzeichen und somit in allen Point-farben ohne Weiß anerkannt.

So ähnlich sahen einst die Siamesen aus.

SCHNURRENDE LAUSBUBEN

Thai-Katzen gelten als menschenbezogen. Intelligenz, Freundlichkeit und Rede-freudigkeit sind weitere Wesensmerkmale, die Freunde dieser Rasse schätzen. Aller-dings gibt es auch Thai-Katzen, die sich als ausgemachte Lausbuben erweisen. Schenkt man ihnen zu wenig Aufmerk-samkeit, lassen sie sich etwas einfallen, um im Mittelpunkt zu stehen. Thai-Katzen sind gesellig. Sie leben gern im Katzenrudel und mögen andere Haus-tiere. Mit Geduld, Liebe und Leckerchen kann man bei einer Thai-Katze fast alles erreichen.

TONKANESE

Laut erklangen die Stimmen des Protests als Tonkanesen 1984 offiziell den Championstatus durch die amerikanische Cat Fanciers' Association (CFA) zugesprochen bekamen. Inzwischen gelten Tonkanesen längst als anerkannte, eigenständige Rasse. So weit zum Szenario in den USA. Ganz anders in Deutschland. Hier gehören „Tonks" ganz klar zu den seltenen Preziosen der mäusefangenden Zunft.

CHARMANT UND WITZIG

Kenner der Rasse schwärmen in höchsten Tönen, wenn es um die liebenswerten Eigenschaften der Tonkanesen geht. Skeptiker sind spätestens nach dem ersten Kennenlernen überzeugt. Charmanter, witziger und aufgeschlossener können Katzen gar nicht sein.
Dabei tragen „Tonks" Merkmale ihrer siamesischen und burmesischen Vorfahren. Manche vergleichen das anhängliche Wesen der „Tonks" mit dem eines Hundes, der ständig um Aufmerksamkeit

„TONK" lautet der Spitzname der Rasse.

buhlt. Immer wieder ziehen Freunde der smarten Katzenpersönlichkeiten auch Parallelen zu Äffchen. Das hat mit dem Klettervermögen und den geradezu akrobatischen Fähigkeiten der agilen Stubentiger zu tun.
Tonkanesen überhäufen ihren Zweibeiner mit Liebesbekundungen, aber das heißt nicht, dass er ein Ersatz für Artgenossen ist. Gesellige, soziale Vierbeiner wie die „Tonks" sind nicht gern allein und verabscheuen Langeweile. Deshalb sollte man mindestens zwei von ihnen halten. Insbesondere dann, wenn man berufstätig ist. Gesellige Menschen sind gesprächig und das gilt auch für „Tonks". Wobei ihr Mitteilungsbedürfnis nicht an das der Siamkatzen herankommt. Und doch sollte man ganz genau hinhören, wenn sie einem etwas erzählen. Tonkanesen-Rache kann unerbittlich sein.

EINE SCHÖNE TONKANESIN in der Farbe Natural Mink.

ANERKENNUNG MIT HINDERNISSEN

Das Jahr 1930 gilt als Meilenstein der Tonkanesen-Zucht: Damals importierte Dr. Joseph Thompson eine braune Maskenkatze in seine Heimat Kalifornien. Wong Mau wurde als Siamkatze mit schlechter Farbe eingestuft, aber zur Zucht eingesetzt. Filler bezeichnet diese Katze als Stammmutter der Burmazucht, glaubt aber, dass es sich um eine Tonkanesin gehandelt habe.

In den 60er Jahren begannen eine amerikanische und eine kanadische Züchterin gezielt damit, Siamesen und Burmesen miteinander zu verpaaren. Der Nachwuchs begeisterte die Züchterinnen aufgrund seiner warmen, braunen Farbe und seinen schönen, dunklen Abzeichen. Die Ähnlichkeit mit Nerzfell beeinflusste die Bezeichnung der Farbvarietät, die als „natural mink" bezeichnet wird. Die ersten Registrierungen erfolgten in Kanada. Seit den 70er Jahren kann man schon fast von einem Boom sprechen. Der Championstatus ist erreicht und auch die Reinzucht. Bei der CFA werden Tonkanesen längst nur noch mit ihresgleichen verpaart.

WUNDERSCHÖNE FARBEN

Tonkanesen sind ein Traum für Freunde zarter Farben: Laut CFA gibt es zwölf Farben – allesamt mit Points. Natural Mink, Champagne Mink, Blue Mink, Platinum Mink und Honey Mink sind laut WCF-Standard anerkannt. „Tonks" sind am ganzen Körper von einem nerzartigen Glanz überzogen. Die Körperunterseite ist stets etwas heller als der Rest. Musterung und Streifen sind unerwünscht. Die Points dürfen hingegen gleichmäßig etwas dunkler sein.

Nicht nur die Fellfarbe ist verführerisch: Für viele ist die Augenfarbe der Tonkanesen das absolute Highlight dieser Rasse. Damit ist in der Regel das ausdrucksvolle Wasserblau gemeint, das bei minkfarbenen „Tonks" die Sinne betört. Doch nicht alle Rassevertreter haben diese Fell- und Augenfarbe. Laut IG Tonkanesen und Tibeter ist bei der Fellfarbe Mink ein Augenfarben-Spektrum von bläulich-grün bis grünlich-blau erlaubt. Bei sepiafarbenen Katzen sind alle Farbtöne zwischen grüngelb und gelb erlaubt. Bei der Variante Point setzt man bei der IG Augen in klarem Blau voraus – von hellblau bis ultramarin.

So sieht sie aus

TYP mittelgroß

KOPF keilförmig mit gerundeter Kontur

AUGEN groß, leicht schräg zur äußeren Ohrkante gesetzt

KÖRPER Er vereint die Eleganz der Siam mit der Rundlichkeit der Burma.

SCHWANZ kräftig am Ansatz, verjüngt sich zu leicht gerundeter Spitze

FELL mittelkurz, fein, seidig und dicht

FARBEN Natural Mink, Champagne Mink, Blue Mink, Platinum Mink, Natural Pointed, Champagne Pointed, Blue Pointed, Platinum Pointed, Natural Solid, Champagne Solid, Blue Solid, Platinum Solid

INSIDERWISSEN

Schon gewusst?

SOLID, HARLEKIN, AGOUTI, BLOTCHED TABBY …
KATZENZÜCHTER SCHEINEN IN RÄTSELN ZU SPRECHEN.
DOCH SO SCHWIERIG IST ES GAR NICHT, SICH IM FARB-
UND ABZEICHEN-DSCHUNGEL ZURECHTZUFINDEN.

Kleiner FARBLEITFADEN

Die kunterbunte Farb- und Mustervielfalt der Katzenwelt ist teilweise verwirrend – so reichhaltig und überraschend ist sie. Dieser kleine Leitfaden soll helfen, sich besser darin zurechtzufinden. Und wundern Sie sich nicht über die vielen englischen Bezeichnungen: Das ist keine Wichtigtuerei, sondern ganz normal in der internationalen Welt der Cat Fancy!

FELLMUSTER UND -FARBEN DER FIFe

Solid (Einfarbig), Tabby Patterns (Tabby-Muster), Colour Varieties with White (Farbvarietäten mit Weiß) und Pointed (Point).

Zu den einfarbigen Farbschlägen gehören folgende Farben: Weiß – mit blauen, orangen, zweifarbigen, grünen oder Siamfaktor-Augen (Blau), Schwarz, Blau, Chocolate, Lilac, Rot, Creme, Cinnamon und Fawn.

Zur Tabby-Gruppe gehören folgende Zeichnungen: Blotched (gestromt), Mackerel (getigert), Spotted (getupft) und Ticked (getickt).

Bei den Tabby Pattern unterscheidet man: Van, Harlekin, Bicolour und Mitted.

Zu den Point-Varianten gehören: Tonkinese-Points, Burmese-Points, Solid Point, Tortie Point und Tabby Point.

DIE WORLD CAT FEDERATION NIMMT FOLGENDE FARBAUFTEILUNG VOR:

- Solid/Non Agouti
- Schildpatt/ Tortie
- Bicolour
- Tricolour
- Harlekin
- Van
- Mitted
- Mit Weiß
- Chinchilla/Shell
- Shaded
- Smoke
- Pointed/Maskenfaktor, (Points = Siamabzeichen)
- Burmese Pointed, (Burmabzeichen)
- Tonkinese Pointed, (Tonkanesen-Abzeichen)

STREIFEN, Punkte und Rosetten?

ZEICHNUNGEN UNTERLIEGEN FOLGENDER UNTERTEILUNG:

- Gestromt (Classic Blotched)
- Getigert (Mackerel)
- Getupft (Spotted)
- Getickt (Ticked)
- Marmoriert (Marbled)

DIE WCF LEGT WERT AUF FOLGENDE FARBKRITERIEN:

Einfarbige und einfarbige Katzen mit Weiß dürfen keine Musterung zeigen. Eine gleichmäßige Farbgebung ist gewünscht.

Cremefarbene und rote Katzen dürfen keine Pigmentflecken auf dem Nasenspiegel zeigen. Das gilt auch für die entsprechenden Pointfarben.

Schwarze, chocolatefarbene und blaue Katzen zeigen in den ersten sechs Lebensmonaten oft eine schlechte Farbausprägung. Das ändert sich oft im Erwachsenenalter.

Bei Smoke-Varietäten sind anfangs oft Streifen zu erkennen, die mit der Zeit verschwinden. Das gilt auch für graue Unterwolle.

Silbervarietäten dürfen keinen Rufismus (braune oder cremefarbene Färbung) aufweisen.

Chinchilla, Shell- und Shadedfarbene Katzen dürfen kein auf die gesamte Haarlänge ausgedehntes Tipping zeigen. Auch ein unregelmäßiges Tipping gilt als Fehler.

ERKLÄRUNG DER FACHBEGRIFFE

Abzeichen sind stets dunkler als die Grundfarbe des übrigen Fells.
Agouti durch das Agouti-Gen bedingte Bänderung des einzelnen Haares
Albinismus angeborenes Fehlen der Pigmentierung bei Tier und Mensch

WUSSTEN SIE? Eine Ragdoll in Seal Bicolour.

Bicolour bezeichnet Solids und Tabbys mit Weißscheckung (min. ⅓, max. ½); farbige und weiße Partien sind harmonisch verteilt; eine weiße Blesse ist erwünscht.
Blotched Tabby gestromt; Schmetterlingsabzeichen auf den Schultern; die Zeichnung auf dem Rücken besteht aus einer vertikalen Linie in Zeichnungsfarbe, die sich von der Schulter bis zur Schwanzspitze erstreckt (Aalstrich); parallel dazu auf jeder Seite noch eine Farblinie mit deutlicher Abgrenzung zur Grundfarbe; auf beiden Körperseiten befindet sich eine deutliche Räderzeichnung.
Blue blaugrau
Break Einbuchtung des Nasenprofils

ALLES SCHOKO Ein chocolatefarbener Burma-Kater.

EIN NORWEGER mit üppiger Halskrause.

Cat Fancy die Gemeinde der Katzen-
züchter und -freunde
Cattery Zuchtstätte für Rassekatzen
Chocolate schokoladenfarben
Chromosomen Träger der Erbanlagen
Cinnamon zimtfarben

Dominant Ein dominanter Erbfaktor
setzt sich in der Merkmalsausprägung gegenüber dem rezessiven durch. Es kommt
also auch dann zur Merkmalsausprägung,
wenn der Erbfaktor mischerbig vorliegt.
Damit das rezessive Merkmal in Erscheinung tritt, muss es reinerbig vorliegen.

Endemisch nur in einem bestimmten
Gebiet vorkommende Tierart

F1-Generation erste Generation (Filialge-
neration), die aus der Verpaarung zweier
Elterntiere entsteht
Fawn helles Beige

Geisterzeichnung undeutliche Tabby-
Zeichnung bei Non-Agouti Katzen
Genotyp Gesamtheit aller Erbanlagen
eines Organismus
Genpool Gesamtheit aller Variationen
der Gene einer Population
Grannenhaare Oberhaare im Fell, die
meist etwas länger sind.

Halskrause Fell im Bereich des Halses,
das länger ist als das übrige Fell des
Körpers
Harlekin bezeichnet Bi- oder Tricolour-
katzen mit ⅚ Weißscheckung; Schwanz
farbig, farbige Flecken an Körper (drei
bis fünf Stück) und Kopf, Bauch weiß
Hemdbrust Fell im Bereich der Brust, das
länger ist als das übrige Fell des Körpers
Hosen Fell im Bereich der Hinterbeine,
das länger ist als das übrige Fell des
Körpers
Hüftgelenksdysplasie krankhafte Ver-
änderung der Hüftgelenke
Hybriden Verpaarung unterschiedlicher
Tierarten bzw. in der Katzenzucht von
Angehörigen verschiedener Rassen

Inzucht Paarung nahe verwandter Tiere
(Geschwister oder Eltern/Kinder) mit dem
Ziel, bestimmte Merkmale zu festigen

Kennel Zuchtstätte
Kitten Kätzchen
Knickerbocker Hosen

Lilac Gletschergrau mit leicht rosa-
farbenen Schimmer

Maske dunkler gefärbtes Fell im Bereich
des Gesichts

Melanin-Bänderung durch das Melanin-Gen bedingte Bänderung des Haares
Merkmalsträger ein Individuum, das die Erbanlagen für bestimmte Eigenschaften weitervererben kann, auch wenn diese bei ihm selbst nicht in Erscheinung treten
Mink nerzfarben
Mutation ungerichtete Veränderung des Erbgutes

Non-Agouti solid

Outcross Verpaarung von Katzen unterschiedlicher Blutlinien

Phänotyp äußeres Erscheinungsbild
Pheromone Duftstoffe, die Verhaltensabläufe von Tieren beeinflussen
Points gleichmäßig gefärbte Abzeichen an Ohren, Pfoten und Schwanz (bei Katern auch Hoden); eine rautenförmige Maske bedeckt das Gesicht vollständig, einschließlich Schnurrhaarkissen und Kinn, durch Farbspuren mit den Ohren verbunden; Rücken und Bauch (Körperfarbe) in Gletscherweiß bis elfenbeinfarben bei den verschiedenen Farbvarianten; deutlicher Kontrast zwischen Körper- und Pointfarbe; Nachdunkeln der Körperfarbe und Bildung von sogenannten Flankenflecken können bei älteren Tieren toleriert werden; keine Flecken in der Pointfarbe auf der Körperunterseite (Bauchfleck)
Progestagene Hormone, die Trächtigkeitsvorgänge steuern

Red rot
Rezessiv Ein rezessiver Erbfaktor unterliegt in der Merkmalsausprägung dem dominanten und tritt nicht in Erscheinung.
Rufus-Tönung rötlich-brauner Farbschimmer

POINTS sind ein markantes Merkmal der Siam-Katze. Es gibt viele verschiedene Farbvarianten.

GEFLECKT Eine Japanese Bobtail in Schildpatt Weiß.

Schildpatt ungleichmäßige, aber harmonische Verteilung von schwarzen und roten Flecken, bzw. deren Aufhellung und Verdünnung (chocolate/hellrot, cinnamon/creme, blue/creme) über den gesamten Körper (einschließlich der Extremitäten); die großen oder kleinen (wenige Haare) Flecken sind deutlich abgegrenzt; eine Flamme im Gesicht ist erwünscht

Schlanktyp extrem schmal gebaute Katze

Seal dunkelbraun

Shaded Tabbys mit hohem Silberanteil (ca. $2/3$); Unterwolle, Kinn, Ohrbüschel, Bauch, Brust, Beininnenseite und Schwanzunterseite silberweiß; Rücken, Flanken, Gesicht, Ohren, Schwanzober- und Beinaußenseite sind, bei silberweißem Haaransatz, gleichmäßig farbig getippt (ca. $2/3$); offene Ringe an den Beinen; Sohlenstreifen sind erwünscht

Shell Tabbys mit extrem hohem Silberanteil (ca. $7/8$); Unterwolle, Kinn, Ohrbüschel, Bauch, Brust, Beininnenseite und Schwanzunterseite silberweiß; Rücken, Flanken, Gesicht, Ohren,

Schwanzober- und Beinaußenseite sind, bei silberweißem Haaransatz, gleichmäßig und leicht farbig getippt (ca. $1/8$); keinerlei Musterung (Geisterzeichnung); Sohlen weiß

Smoke bezeichnet Solids und Schildpatts mit silberweißem Haaransatz (ca. $1/3$); Ohrbüschel, Bauch und Schwanzunterseite silberweiß; Haarspitzen gleichmäßig farbig getippt (ca. $2/3$). In Ruhestellung wirkt die Katze einfarbig, in der Bewegung ist der silberweiße Haaransatz sichtbar.

Sohlenstreifen eine Farblinie an den Sohlen der Hinterbeine

Solid gleichmäßiges, unifarbenes Fell. Jedes einzelne Haar ist vom Haaransatz bis zur Spitze einheitlich gefärbt und besitzt keine Musterung (Geisterzeichnung).

Sorrel fuchsrot

Stopp Einbuchtung der Nasenlinie

BRITISCH KURZHAAR in Shaded-Silver.

Tabby Alle Zeichnungsmuster sind klar, rein, deutlich und auf beiden Körperseiten gleich. Alle zeigen Wildflecken (Daumenabdruck) auf den Ohren. Bei gestromt, getigert, getupft und marbled ist gemeinsam: Ein „M" auf der Stirn sowie zwei bis drei Spiralen auf den Wangen. Die Brust soll mit zwei halsbandartigen Streifen, die nicht durchbrochen sein dürfen, durchzogen sein. Die Beine sind regelmäßig gestreift und der Schwanz ist gleichmäßig beringt. Von der Brust abwärts über den Bauch hin zieht sich eine Doppelreihe von schwarzen Punkten.

Teilalbinismus Siam- oder Maskenfaktor

Ticking Jedes einzelne Haar ist in der jeweiligen Zeichnungsfarbe getickt, d.h. jedes Haar in sich ist drei- bis fünfmal gebändert, mit ausgefärbter Spitze. Bei einigen Rassen können Vorder- und Hinterbeine feine, deutliche Streifen tragen; an der Brust können sich ein oder zwei offene oder geschlossene, halsbandartige Streifen befinden; bei anderen Rassen sind Streifen an Beinen und Brust nicht erlaubt. Gesicht und Stirn besitzen Tabby-Zeichnung; der übrige Körper ist frei von Zeichnung; Sohlenstreifen und Schwanzspitze sind in der Zeichnungsfarbe gefärbt.

Tipping silber- oder goldfarbene Haarbasis mit dunkel pigmentierten Haarspitzen

Tortie schildpatt

Tricolour Torties und Torbies mit Weißscheckung (min. ⅓, max. ½); farbige und weiße Partien sind harmonisch verteilt; eine weiße Blesse ist erwünscht

Whisker break Schnurrhaarkissen

Wildfarben Die Basisfarbe ist ein dunkles Apricot bis Dunkelorange, schwarzes Ticking.

EIN SIBIRER in der Farbe Black Torbie Mackerel White mit üppigem Fell.

ZÜCHTER FINDEN

WIE FINDE ICH EINEN SERIÖSEN ZÜCHTER?

Die Entscheidung ist gefallen. Sie wollen ein Kätzchen kaufen. Eine Rassekatze soll es sein; aus bestem Hause versteht sich. Schließlich soll der edle Stubentiger nicht nur von edlem Geblüt sein, sondern auch über eine stabile Gesundheit verfügen und keinesfalls Viren, Bakterien oder Pilze einschleppen. Doch wo findet man einen Katzenzüchter, für den eine artgerechte Haltung, verantwortungsvolle Verpaarungen, Hygiene, Pflege, Liebe und Zuwendung eine Selbstverständlichkeit sind? Es gibt in Deutschland mehrere große Verbände und Vereine, die Züchter verschiedenster Katzenrassen betreuen. Leider sieht sich der Katzeninteressent einer regelrechten Flut von Organisationen gegenüber und muss sich für eine entscheiden, der er sein Vertrauen schenkt. Gerade wenn man sich in der Katzenszene nicht auskennt, sollte die Wahl auf einen renommierten und etablierten Verband fallen. Dort wird man in der Regel kompetent beraten und an Züchter der gewünschten Rasse weitervermittelt. Oft gibt es innerhalb des Zuchtverbandes auch Interessengemeinschaften, die sich auf eine bestimmte Rasse spezialisiert haben und Ratsuchenden wertvolle Tipps und Informationen mit auf den Weg geben können.

AUSSTELLUNGEN

Auch Katzenausstellungen bieten eine ausgezeichnete Alternative, um Katzenzüchter kennenzulernen. Fast jedes Wochenende werden in irgendeiner Veranstaltungshalle Katzenausstellungen

KATZENAUSSTELLUNGEN bieten die Möglichkeit, sich an einem Tag über viele Rassen zu informieren.

GUTE ZÜCHTER halten Katzen artgerecht.

KLETTERMÖGLICHKEITEN gehören dazu.

organisiert. Veranstaltungskalender lassen sich einschlägigen Fachzeitschriften entnehmen oder können beim ausrichtenden Zuchtverband erfragt werden.

Auf einer Ausstellung kann man zwar lediglich einen oberflächlichen Eindruck von einem Katzenzüchter gewinnen, aber zumindest ahnt man bereits, wer einen sympathischen Eindruck vermittelt und wer nicht. Wird der positive Eindruck später durch ein gepflegtes Umfeld ergänzt, bestehen Idealbedingungen für den Katzenkauf.

Hat man einen Züchter gefunden, der einen guten Eindruck macht und die gewünschte Katzenrasse züchtet, tauscht man die Adressen aus und vereinbart nach der Ausstellung einen Termin. Es ist überaus wichtig, den Züchter zu Hause zu besuchen, um sich zu vergewissern, ob er seine Tiere artgerecht hält. Auch der Pflege- und Gesundheitszustand der Katzen, die im Züchterhaushalt leben, muss

tadellos sein. Vertrauen Sie der alten Regel „Augen, Nase und Ohren auf!". Wenn Ihre Sinnesorgane nicht Alarm schlagen, sind Sie auf dem richtigen Weg.

KLEINANZEIGEN

Die Kleinanzeigen-Rubrik in Fachzeitschriften ist ein weiterer Fundus für Züchteradressen. Meistens sind sie nach Rassen sortiert und man findet schnell die infrage kommenden Anzeigen.

Der erste Kontakt erfolgt in der Regel über das Telefon und wird mit einem persönlichen Besuch beim Züchter fortgesetzt. Man darf keinesfalls darauf verzichten, sich ein Bild von der Zuchtstätte zu machen, weil man nur so sicher gehen kann, dass die angebotenen Kätzchen nicht aus haarsträubenden Verhältnissen kommen. Es lohnt sich, bei der Auswahl des Züchters sorgfältig vorzugehen. So kann man von vornherein Enttäuschungen und Ärger vorbeugen.

DER KAUFVERTRAG

Wer ein Rassekätzchen von einem seriösen Züchter erwirbt, kommt nicht umhin, ihn zu unterzeichnen: den Kaufvertrag. Er steht nun einmal am Anfang der meisten Katze-Mensch-Beziehungen – auch wenn er zutiefst unromantisch ist. Trotz aller Vorfreude auf das neue Familienmitglied gilt es nun, genau zu lesen und im Zweifelsfall mit einem Rechtsanwalt Rücksprache zu halten, bevor das Schriftstück unterzeichnet wird. „Nicht alle von Laien formulierten Verträge sind rechtskräftig. Sollte der Züchter keinen Vordruck haben, der beispielsweise vom zuständigen Zuchtverband ausgestellt wird, ist es auf jeden Fall ratsam, vor der Unterzeichnung einen Fachmann zu Rate zu ziehen", empfehlen Anwälte.

SCHRIFTLICH ODER MÜNDLICH?

Kaufverträge werden in der Regel schriftlich aufgesetzt. Zwar sind auch mündliche Vereinbarungen durchaus rechtskräftig, meistens im Nachhinein aber schlecht zu beweisen. Beim Abschluss mündlicher Verträge sollten neutrale Zeugen anwesend sein. Damit sind Personen gemeint, die mit den beiden vertragsschließenden Parteien weder verwandt noch verschwägert sind. Auch sollten sie in keinem Abhängigkeitsverhältnis zum Käufer oder Verkäufer stehen.
Um Schwierigkeiten zu vermeiden, sollten Katzenkäufer auf jeden Fall auf einem schriftlichen Kaufvertrag bestehen. Ein mündlicher kann sich unter Umständen zur Falle entwickeln. Seriöse Züchter nutzen in der Regel korrekte Kaufverträge, deren Vordrucke es bei den Zuchtverbänden gibt.

WAS MUSS DRINSTEHEN?

Ein Vertrag legt Rechte und Pflichten der Vertragspartner fest. Damit er notfalls auch vor Gericht Bestand hat, müssen folgende Punkte beinhaltet sein:

- Name und Anschrift des Verkäufers
- Name und Anschrift des Käufers
- Angabe des Kaufgegenstandes (Rasse, Farbe, Geschlecht, Zuchtbuchnummer, Name)
- Angabe des Kaufpreises
- Datum und Unterschrift des Verkäufers
- Datum und Unterschrift des Käufers

Wenn Kätzchen den Besitzer wechseln, werden zusätzlich Sonderregelungen vereinbart, um das Tier zu schützen. Viele Züchter lassen sich ein Vor- und Rückkaufsrecht einräumen und formulieren ein Weiterverkaufsverbot. Damit schließt man aus, dass das Kätzchen in die Hände eines Händlers gerät oder von Privat an irgendwelche Leute weiterverkauft wird. Zuchtverbote, Probezeiten und spezielle Bezeichnungen wie „Liebhaber-, Zucht- oder Ausstellungstier" könnten ebenfalls vermerkt werden.

GEWÄHRLEISTUNG

Dass Tierschutz stärker wiegt als Gewährleistungsklauseln, hat das Essener Amtsgericht festgelegt (Az.: 13 S 84/03). Im konkreten Fall wurde per Vertrag geregelt, dass der Verkäufer Fehler des Kaufgegenstandes (z.B. Krankheit des Tieres) nachbessern oder eine Ersatzlieferung durchführen darf. Besteht jedoch dringender tierärztlicher Handlungsbedarf, ist der Tierbesitzer nicht dazu verpflichtet, den Vierbeiner zuerst zurück

EIN KAUFVERTRAG sichert auch die Zukunft der Katze ab, zum Beispiel durch ein Rückkaufrecht.

zum Züchter zu bringen. Vielmehr sollte er für eine tierärztliche Betreuung sorgen und später die Kosten beim Züchter einfordern. Dies geht jedoch nur dann, wenn die Ursache für die Erkrankung vor dem Zeitpunkt des Verkaufs existierte. Das ist manchmal schwer nachzuweisen. Für Verletzungen oder Erkrankungen, die eine Katze nach dem Verkauf erwirbt, haftet der Züchter nicht – trotz zweijähriger Gewährleistungspflicht.

DER SCHUTZVERTRAG

Schutzverträge werden meistens dann geschlossen, wenn man eine Katze aus dem Tierheim oder von einem Tierschutz-

verein übernimmt. Das Wohlbefinden des Tieres steht hierbei im Mittelpunkt. Deshalb thematisiert ein Schutzvertrag folgende Punkte: artgerechte Haltung, kompetente Versorgung, medizinische Betreuung und Zuwendung. Auch Kontrollrechte der Tierheime oder Tierschutzvereine finden hierdurch Regelung. Ansonsten gleichen Schutzverträge inhaltlich Kaufverträgen. Solange sie von Tierheimen und renommierten Tierschutz-Organisationen ausgestellt werden, sind in der Regel keine juristischen Fallen zu erwarten. Im Zweifelsfalle sollte man einen Rechtsanwalt befragen. Die Kosten für eine Beratung sind überschaubar.

KATZENVERBÄNDE

DER WORLD CAT CONGRESS (WCC)

Der World Cat Congress ist eine dachverbandübergreifende Organisation, die sich aus den Vertretern verschiedener Dachverbände zusammensetzt. Die Erfolgsgeschichte des WCC begann 1994. Der italienische Katzenverband Associazione Nationale Felina Italiana lud zu einer Veranstaltung, die unter dem Motto „Cats and Man" stand. Künstlerische, literarische und wissenschaftliche Beiträge machten dieses Happening zu etwas ganz Besonderem. Natürlich gab es auch eine internationale Ausstellung und dies brachte führende Köpfe verschiedener Dachverbände an einen Tisch. Man beschloss, von nun an regelmäßig zusammenzukommen, um sich untereinander auszutauschen. Hinzu kamen veterinärmedizinische Seminare, Diskussionsrunden zu aktuellen Themen, RassePräsentationen und nicht zuletzt eine internationale Ausstellung, auf der die Verantwortlichen der internationalen Dachverbände richteten.

DIE FÉDÉRATION INTERNATIONALE FÉLINE (FIFe)

Als Weltdachverband repräsentiert die FIFe über 40 Organisationen aus 39 Ländern. Ihre Mitgliederzahl beläuft sich auf über 100.000 Katzenfreunde. Alle Mitglieder unterwerfen sich den FIFe-Statuten; das heißt, den Rasse-Standards, der Anerkennung der Zwingernamen und dem genauen Ausstellungsablauf sowie den über 200 internationalen Richtern und über 170 Richteranwärtern.

Am Anfang dieser Erfolgsgeschichte steht eine Französin: Marguérite Ravel. Die Katzenliebhaberin träumte davon, einen europäischen Dachverband für Katzenvereine zu gründen, der bald internationales Renommé genießen würde. Ihre Bemühungen waren von Erfolg gekrönt: Bei einem Treffen der Royal Cat Society of Flanders (Belgien), der French Cat Federation (Frankreich) und der Italian Cat Society (Italien), das 1949 Katzenexperten an die Seine lockte, kam es zur inoffiziellen Gründung der Fédération Internationale Féline d'Europe (FIFE). Noch im selben Jahr lud die FIFE zur ersten Katzenausstellung nach Paris, wo 200 Tiere ausgestellt wurden. Die Aussteller kamen aus Frankreich, Italien, der Schweiz, Belgien und Holland. Heute kann die FIFe über eine Meldezahl von 200 Katzen schmunzeln; werden doch auf manchen Ausstellungen fast 1 400 Schönheiten aus aller Welt präsentiert. Damals waren 200 Katzen ein ansehnliches Ergebnis, das sich sehen lassen konnte.

SIEGERPOKALE gehören zu Katzenausstellungen.

Die offizielle Gründung der FIFE erfolgte am 10. Dezember 1950, im Rahmen der ersten Hauptversammlung in Gent. Zurzeit sind circa 200 internationale Richter für die FIFe tätig und werden durch 20 nationale Richter ergänzt. Hinzu kommen 150 Richteranwärter. Pro Jahr werden ca. 80 000 Ahnentafeln ausgestellt und 2 000 neue Zwingernamen registriert. Auf rund 350 Ausstellungen zeigen sich jährlich 125 000 Katzen von ihrer schönsten Seite.

DIE WORLD CAT FEDERATION (WCF)

Über 540 Einzelorganisationen aus der ganzen Welt gehören der World Cat Federation (WCF) an. Auch Organisationen aus den USA sind in dem in Deutschland ansässigen Dachverband vertreten. Zu den Aufgaben der WCF gehören:

- internationale Zwingerschutz-Eintragungen
- Ausbildung, Training und Prüfung internationaler Richter
- Standardfestlegung aller Rassen
- Erstellung von Ausstellungsregeln und -klassen
- Knüpfung internationaler Kontakte

DIE CAT FANCIERS' ASSOCIATION (CFA)

Die Cat Fanciers' Association (CFA) gilt als größter Rassekatzenverband der Welt. Sie wurde bereits 1906 gegründet. 1907 folgte die erste Hauptversammlung im berühmten Madison Square Garden in New York.
Inzwischen richtet die CFA circa 400 Ausstellungen aus, und das weltweit.

Die Hauptgeschäftsstelle der CFA ist in Manasquan, New Jersey, und hat sich längst von einem Ein-Mann-Büro zu einer 10 000 Quadratmeter großen Zentrale gemausert.

WEITERE VERBÄNDE

- Governing Council of the Cat Fancy (GCCF)
- American Association of Cat Enthusiasts (AACE)
- Australian Cat Federation (ACF)
- American Cat Fanciers Association (ACFA)
- Canadian Cat Association/Association Feline Canadienne (CCA/AFC)
- Cat Federation of Southern Africa (CFSA)
- Feline Control Council of Victoria, Australia (FCCV)
- New South Wales, Australia, Cat Fanciers' Association
- Cat Fanciers' Federation (CFF)
- United Feline Association (UFO)
- The Traditional and Classic Cat International (TCCI)
- Traditional Cat Association (TCA)
- The International Cat Association (TICA)

GESUND UND SCHÖN – dank guter Verbandspolitik.

121

SERVICE
Nützliches zum Schluss

ZUM WEITERLESEN

ALL IN ONE

Sie möchten umfassende Informationen rund um die Katze, ein Buch, das Ihnen ein Katzenleben lang beiseite steht und Sie mit Rat und Tat unterstützt? Dann empfehlen wir Ihnen

Jones, Renate (HRSG.), **Das Kosmos Handbuch Katzen.** Kosmos 2010

HOME, SWEET HOME

Sie wollen noch mehr über Katzenhaltung wissen? Was Mieze will und braucht, wie Sie gemeinsam gut durch den Alltag kommen und warum der Trend zur Zweitkatze führt, erfahren Sie hier:

Grimm, Hannelore: **Kätzchen.** Kosmos 2007

Grimm, Hannelore: **Wohnungskatzen.** Kosmos 2008

Lauer, Isabella: **Katzen halten, ganz entspannt.** Kosmos 2011

Lauer, Isabella: **Meine Katze.** Kosmos 2008

Lauer, Isabella: **Zwei Katzen – doppeltes Glück.** Kosmos 2012

Metz, Gabriele: **Was Samtpfoten glücklich macht.** Kosmos 2011

VERSTEHEN UND VERSTANDEN WERDEN

Auf du und du mit der Katze? Das wünschen sich die meisten, denn eine innige Beziehung fordert Verständnis auf beiden Seiten. Hier erfahren Sie alles über Katzenverhalten und Katzensprache:

Halls, Vicky: **Die Katzenflüsterin.** Kosmos 2007

Leyhausen, Paul: **Katzenseele.** Kosmos 2005

Rauth-Widmann, Brigitte: **Katzensprache.** Kosmos 2009

NIE MEHR LANGEWEILE

Für Wohnungskatzen kann der Alltag manchmal ganz schön eintönig sein. Bevor sich Speckröllchen unterm Fell breit machen und Ihr Sofatiger nur noch zwischen Couch und Futternapf hin und her pendelt, ist ein wenig Action angesagt.

Federer, Gabi, Martino Rivas: **Spiele für Katzen.** Kosmos 2009

Seidl, Denise: **Spiel & Spaß für Katzen.** Kosmos 2010

Theby, Viviane: **Clickern mit meiner Katze.** Kosmos 2009

NÜTZLICHE ADRESSEN

DACHORGANISATIONEN

**Fédération Internationale Féline (FIFe),
The General Secretary**
Jehnická 11
CZ-62100 Brno
general-secretary@fifeweb.org
www.fifeweb.org

**World Cat Federation (WCF)
Generalsekretariat**
Geisbergstr. 2
D-45139 Essen
wcf@wcf.online.de
www.wcf-online.de

The Intenational Cat Association (TICA)
306 E Jackson
Harlingen, Texas 78550
information@tica.org
www.tica.org

The Cat Fanciers' Association (CFA)
1805 Atlantic Avenue
Manasquan, NJ 08736
cfa@cfa.org
www.cfainc.org

Canadian Cat Association (CCA, ACF)
5045 Orbitor Drive
Building 12, Suite 102
Mississauga, ON L4W 4Y4
office@cca-acf.com
www.cca-acf.com

NATIONALE ORGANISATIONEN

**1. Deutscher Edelkatzenzüchter-
Verband e. V. (1. DEKZV)**
Berliner Str. 13
D-35614 Asslar
office@dekzv.de
www.dekzv.de

Deutsche Edelkatze e. V.
Geisbergstr. 2
D-45139 Essen
info@deutsche-edelkatze.de
www.deutsche-edelkatze.de

1. ITAVC e. V.
Friedrich-Ebert-Str. 199
D-42549 Velbert (Mitte)
www.1itavc.de

Family Cats Club e. V.
www.familycats.de

**Österreichischer Verband für die Zucht
und Haltung von Edelkatzen e. V. (OVEK)**
Liechtensteinstr. 126
A-1090 Wien
herbert.steinhauser@chello.at
www.oevek.at

**Fédération Féline Helvétique (FFH)
Sekretariat: Eva Wieland-Schilla**
Ch. de la Grangette 4
CH-1010 Lausanne
sekretariat@ffh.ch
www.ffh.ch

REGISTER

BILDNACHWEIS

109 Farbfotos wurden von Gabriele Metz/Kosmos für dieses Buch
aufgenommen.
Weitere Farbfotos von Picani Bildagentur (1; S. 8)

IMPRESSUM

Umschlaggestaltung von GRAMISCI Editorialdesign unter Verwendung
von 5 Farbfotos von Gabriele Metz/Kosmos.
Die Fotos auf der Umschlagvorderseite zeigen eine Britisch Kurzhaar
Blau (o. l.), eine Maine Coon (o. m.), eine Siam (o. r.) und eine Norwegische
Waldkatze (u.).

Mit 113 Farbfotos.

Unser gesamtes lieferbares Programm und viele
weitere Informationen zu unseren Büchern,
Spielen, Experimentierkästen, DVDs, Autoren und
Aktivitäten finden Sie unter **www.kosmos.de**

Gedruckt auf chlorfrei gebleichtem Papier

© 2011, Franckh-Kosmos Verlags-GmbH & Co. KG, Stuttgart.
Alle Rechte vorbehalten
ISBN 978-3-440-12270-9
Redaktion: Alice Rieger
Gestaltungskonzept: GRAMISCI Editorialdesign, München
Gestaltung und Satz: Atelier Krohmer, Dettingen/Erms
Produktion: Eva Schmidt
Printed in Germany / Imprimé en Allemagne

FSC
www.fsc.org
MIX
Papier aus ver-
antwortungsvollen
Quellen
FSC® C022125